16G101 图集应用系列丛书

16G101 图集应用
——平法钢筋下料

上官子昌　主编

中国建筑工业出版社

图书在版编目（CIP）数据

16G101图集应用——平法钢筋下料/上官子昌主编. —北京：中国建筑工业出版社，2016.12
（16G101图集应用系列丛书）
ISBN 978-7-112-20079-5

Ⅰ. ①平… Ⅱ. ①上… Ⅲ. ①钢筋混凝土结构-结构计算 Ⅳ.①TU375.01

中国版本图书馆CIP数据核字（2016）第273486号

本书根据最新的《16G101-1》、《16G101-2》、《16G101-3》图集以及现行的标准、规范编写而成。本书主要内容为楼板，梁板式筏形基础，柱子，剪力墙以及各种类型的梁的平法钢筋下料的方法。具有很强的针对性和实用性。理论与实践相结合，力求简明、清晰地为广大读者提供实用高效的方法。

本书内容系统、细致、详尽，同时附有相关联的算法实例，便于读者加强理解。本书可供建筑设计、管理人员和施工人员以及大中专院校相关专业师生参考使用。

* * *

责任编辑：张　磊　郭　栋　岳建光
责任设计：李志立
责任校对：李美娜　李欣慰

16G101图集应用系列丛书
16G101图集应用——平法钢筋下料
上官子昌　主编

*

中国建筑工业出版社出版、发行（北京海淀三里河路9号）
各地新华书店、建筑书店经销
霸州市顺浩图文科技发展有限公司制版
北京富生印刷厂印刷

*

开本：787×1092毫米　1/16　印张：10½　字数：237千字
2017年1月第一版　2017年1月第一次印刷
定价：**30.00**元
ISBN 978-7-112-20079-5
（29552）

本书编委会

主　编　上官子昌

参　编（按姓氏笔画排序）

王红微	白雅君	伏文英	刘艳君
吕克顺	吕学哲	孙石春	孙丽娜
朱永强	李冬云	李殿平	李　瑞
何　影	张文权	张　彤	张　敏
张黎黎	侯永清	高少霞	徐铭泽
董　慧			

前　　言

本书是建筑施工入门图书，根据以培养建筑施工技术专业人才为目标，以培养施工员岗位专项能力——平法钢筋下料为导向，立足于"现代建筑施工技术"的基本要求，确定本书内容。其中平法制图是指"按平面整体表示方法制图规则所绘制的结构构造详图"的简称。

鉴于图集16G101-1《混凝土结构施工图平面整体表示方法制图规则和构造详图（现浇混凝土框架、剪力墙、梁、板）》、16G101-2《混凝土结构施工图平面整体表示方法制图规则和构造详图（现浇混凝土板式楼梯）》、16G101-3《混凝土结构施工图平面整体表示方法制图规则和构造详图（独立基础、条形基础、筏形基础、桩基础）》、12G901-1《混凝土结构施工钢筋排布规则与构造详图（现浇混凝土框架、剪力墙、梁、板）》以及国家标准《中国地震动参数区划图》GB 18306—2015、《混凝土结构设计规范（2015年版）》GB 50010—2010、《建筑抗震设计规范》GB 50011—2010及2016年局部修订等规范进行了修改，故组织编写本书。

全书除介绍基本概念及基本知识外，还辅以较多的例题，所以本书具有较高的实用性，同时也适合职业人员能力的培养。本书可作为高职高专土建类各专业应用能力训练的教学用书，也可作为相关人员的培训教材，供建筑施工专业技术人员参考。

本书在编撰过程中参阅和借鉴了许多优秀书籍、图集和有关国家标准，在此向这些作者表示衷心的感谢。由于作者的学识和经验有限，虽经编者尽心尽力，但书中仍难免存在疏漏或不足之处，敬请有关专家和读者予以指正。

目　　录

第1章 平法钢筋下料的基本知识

1.1 钢筋的基础知识

1.1.1 钢筋的分类

1. 普通钢筋

普通钢筋就是指用于钢筋混凝土结构中的钢筋和预应力混凝土结构中的非预应力钢筋。用于钢筋混凝土结构的热轧钢筋分为四个级别（表1-1）。《混凝土结构设计规范》GB 50010—2010 规定，普通钢筋宜采用 HRB335 级和 HRB400 级钢筋。

用于钢筋混凝土结构的热轧钢筋的级别   表1-1

级　别	规　格	用　处
HPB300 级钢筋	光圆钢筋，公称直径范围为 8～20mm，推荐直径为 8、10、12、16、20mm	实际工程中只用作板、基础和荷载不大的梁、柱的受力主筋、箍筋以及其他构造钢筋
HRB335 级钢筋	月牙纹钢筋（见图 1-1），公称直径范围为 6～50mm，推荐直径为 6、8、10、12、16、20、25、32、40、50mm	是混凝土结构的辅助钢筋，实际工程中主要用作结构构件中的受力主筋
HRB400 级钢筋	月牙纹钢筋，公称直径范围和推荐直径与 HRB335 钢筋相同	是混凝土结构的主要钢筋，实际工程中主要用作结构构件中的受力主筋
RRB400 级钢筋	月牙纹钢筋，公称直径范围为 8～40mm，推荐直径为 8、10、12、16、20、25、32、40mm	强度虽高，但冷弯性能、抗疲劳性能以及可焊性均较差，其应用受到一定限制

月牙纹钢筋形状，如图 1-1 所示。

2. 预应力钢筋

预应力钢筋应优先采用钢丝和钢绞线，也可采用热处理钢筋。

（1）预应力钢丝：主要是消除应力钢丝，其外形有三种，即光面、螺旋肋和三面刻痕。

（2）钢绞线：由多根高强钢丝绞织在一起而形成，有 3 股和 7 股两种，多用于后张预应力大型构件。

（3）热处理钢筋：包括 $40Si_2Mn$、$48Si_2Mn$ 及 $45Si_2Cr$ 等几种牌号，它们都以盘条形式供应，无需冷拉、焊接，施工方便。

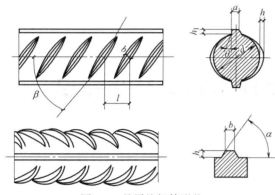

图 1-1 月牙纹钢筋形状

h_1—纵肋高度；h—横肋高度；β—横肋与轴线夹角；

b—横肋顶宽；l—横肋间距；a—横肋斜角；

θ—纵肋斜角；d—钢筋内径

1.1.2 钢筋的等级与区分

1. 钢筋的等级划分

钢筋的等级划分见表 1-2。

2. 钢筋标准名称

在建筑行业中，Ⅱ级钢筋和Ⅲ级钢筋是旧标准的叫法，2002 年后，Ⅱ级钢筋改称为 HRB335 级钢筋，Ⅲ级钢筋改称为 HRB400 级钢筋。它们的相同点和不同点可以这样简单地区分。

（1）相同点：都属于带肋钢筋（即通常所说的螺纹钢筋）；都属于普通低合金热轧钢筋；都可以用于普通钢筋混凝土结构工程中。

钢筋的等级划分 表 1-2

等　级	划　分	等　级	划　分
二级钢筋	屈服强度通常在 300MPa 以上的钢筋	四级钢筋	屈服强度在 500MPa 以上的钢筋
三级钢筋	屈服强度在 400MPa 以上的钢筋	五级钢筋	屈服强度在 600MPa 以上的钢筋

（2）不同点：

1）钢种不同（化学成分不同），HRB335 级钢筋是 20MnSi（20 锰硅）；HRB400 级钢筋是 20MnSiNb 或 20MnSiV 或 20MnTi 等。

2）强度不同，HRB335 级钢筋的抗拉、抗压设计强度是 300MPa，HRB400 级钢筋的抗拉、抗压设计强度是 360MPa。

3）由于钢筋的化学成分和极限强度的不同，因此在冷弯、韧性、抗疲劳性能不同。

1.1.3 钢筋下料长度计算有关概念

1. 外皮尺寸

结构施工图中所标注的钢筋尺寸，是钢筋的外皮尺寸。外皮尺寸是指结构施工图中钢筋外边缘至外边缘之间的长度，是施工中度量钢筋长度的基本根据，它和钢筋的下料尺寸是有区别的。

钢筋材料明细表（表 1-3）中简图栏的钢筋长度 L_1，如图 1-2 所示。L_1 是出于构造的需要标注的，所以钢筋材料明细表中所标注的尺寸即是外皮尺寸。通常情况下，钢筋的边界线是从钢筋外皮到混凝土外表面的距离（保护层厚度）来考虑标注钢筋尺寸的。即 L_1 是设计尺寸，不是钢筋加工下料的施工尺寸，如图 1-3 所示。

钢筋材料明细表 表 1-3

钢筋编号	简　图	规　格	数　量
①	L_2 $\llcorner$———L_1———$\lrcorner$ L_2	φ22	2

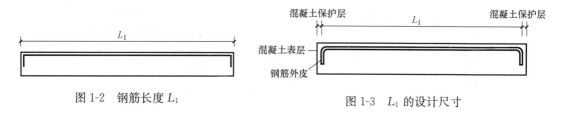

图 1-2 钢筋长度 L_1 图 1-3 L_1 的设计尺寸

2. 钢筋下料长度

钢筋加工前按直线下料，经弯曲后，钢筋外边缘（外皮）伸长，内边缘（内皮）缩短，而中心线的长度是不改变的。

图 1-4 所示是钢筋的外皮尺寸。实际上，钢筋加工下料的施工尺寸为（$ab+bc+cd$），其中，ab 为直线段，bc 线段为弧线，cd 为直线段。箍筋的设计尺寸，通常是采用内皮标注尺寸的方法。计算钢筋下料的长度，就是计算钢筋中心线的长度。

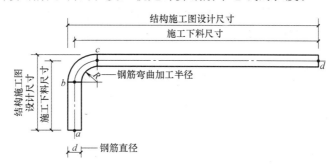

图 1-4 结构施工图上所示钢筋的尺寸界限

3. 差值的概念

（1）在钢筋材料明细表的简图中，所标注外皮尺寸之和大于钢筋中心线的长度。它所多出来的数值，就是差值。可用下式来表示：

$$差值＝钢筋外皮尺寸之和－钢筋中心线的长度$$

根据外皮尺寸所计算出来的差值，需乘以负号"－"后再运算。

1）对于标注内皮尺寸的钢筋，其差值随角度的不同，有可能是正，也有可能是负。

2）对于围成圆环的钢筋，内皮尺寸小于钢筋中心线的长度，故它不会是负值，如图 1-5 所示。

（2）外皮差值。

图 1-6 所示是结构施工图上 90°弯折处的钢筋，它是沿外皮（$xy+yz$）衡量尺寸的。而图 1-7 所示弯曲处的钢筋，则是沿钢筋的中和轴（钢筋被弯曲后，既不伸长也不缩短的钢筋中心线）ab 弧线的弧长。因此，折线（$xy+yz$）的长度与弧线的弧长 ab 之间的差值，称为"外皮差值"，即 $xy+yz>ab$。外皮差值通常用于受力主筋的弯曲加工下料计算。

图 1-5 围成圆环的钢筋中心线

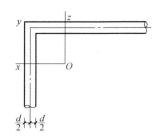

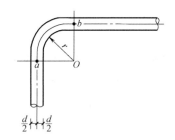

图1-6　结构施工图上90°弯折处的钢筋　　　　图1-7　弯曲处的钢筋（沿钢筋的
　　　　　　　　　　　　　　　　　　　　　　　　　　　　中和轴弧线的弧长）

（3）内皮差值。

图1-8所示是结构施工图上90°弯折处的钢筋，它是沿内皮（$xy+yz$）测量尺寸的。而图1-9所示弯曲处的钢筋，则是沿钢筋的中和轴弧线ab测量尺寸的。因此，折线（$xy+yz$）的长度与弧线的弧长ab之间的差值，称为"内皮差值"。$xy+yz>ab$，即90°内皮折线（$xy+yz$）仍然比弧线ab长。内皮差值通常用于箍筋弯曲加工下料的计算。

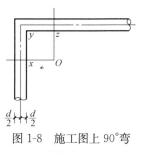

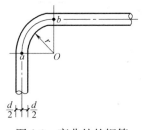

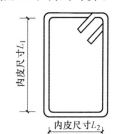

图1-8　施工图上90°弯　　　图1-9　弯曲处的钢筋　　　图1-10　箍筋高度、宽
折处的钢筋　　　　　　　　　　　　　　　　　　　　度的内皮尺寸

4. 箍筋的内皮尺寸

梁和柱中的箍筋，通常用内皮尺寸标注，这样便于设计。梁、柱截面的高度、宽度减去保护层厚度、箍筋直径的差值即为箍筋高度、宽度的内皮尺寸，如图1-10所示。墙、梁、柱的混凝土保护层厚度见表1-4，混凝土结构的环境类别见表1-5。

混凝土保护层的最小厚度（mm）　　　　　　　　　　　　　　　　表1-4

环境类别	板、墙	梁、柱
一	15	20
二 a	20	25
二 b	25	35
三 a	30	40
三 b	40	50

注：1. 表中混凝土保护层厚度指最外层钢筋外边缘至混凝土表面的距离，适用于设计使用年限为50年的混凝土结构。

2. 构件中受力钢筋的保护层厚度不应小于钢筋的公称直径。

3. 一类环境中，设计使用年限为100年的结构最外层钢筋的保护层厚度不应小于表中数值的1.4倍；二、三类环境中，设计使用年限为100年的结构应采取专门的有效措施。

4. 混凝土强度等级不大于C25时，表中保护层厚度数值应增加5mm。

5. 基础底面钢筋的保护层厚度，有混凝土垫层时应从垫层顶面算起，且不应小于40mm。

混凝土结构的环境类别   表 1-5

环境类别	条 件
一	室内干燥环境； 无侵蚀性静水浸没环境
二a	室内潮湿环境； 非严寒和非寒冷地区的露天环境； 非严寒和非寒冷地区与无侵蚀性的水或土壤直接接触的环境； 严寒和寒冷地区的冰冻线以下与无侵蚀性的水或土壤直接接触的环境
二b	干湿交替环境； 水位频繁变动环境； 严寒和寒冷地区的露天环境； 严寒和寒冷地区冰冻线以上与无侵蚀性的水或土壤直接接触的环境
三a	严寒和寒冷地区冬季水位变动区环境； 受除冰盐影响环境； 海风环境
三b	盐渍土环境； 受除冰盐作用环境； 海岸环境
四	海水环境
五	受人为或自然的侵蚀性物质影响的环境

注：1. 室内潮湿环境是指构件表面经常处于结露或湿润状态的环境。
　　2. 严寒和寒冷地区的划分应符合现行国家标准《民用建筑热工设计规范》GB 50176 的有关规定。
　　3. 海岸环境和海风环境宜根据当地情况，考虑主导风向及结构所处迎风、背风部位等因素的影响，由调查研究和工程经验确定。
　　4. 受除冰盐影响环境是指受到除冰盐盐雾影响的环境；受除冰盐作用环境是指被除冰盐溶液溅射的环境以及使用除冰盐地区的洗车房、停车楼等建筑。
　　5. 暴露的环境是指混凝土结构表面所处的环境。

1.1.4 钢筋设计尺寸和施工下料尺寸

1. 同样长梁中的有加工弯折钢筋和直形钢筋

两种钢筋形式如图 1-11、图 1-12 所示。

图 1-11 长梁中弯折钢筋　　　　　　　　　　　图 1-12 长梁中直形钢筋

虽然图 1-11 中的钢筋和图 1-12 中的钢筋两端都有相同距离的保护层，但是它们的中心线的长度并不相同。现在把它们的端部放大来看就清楚了（图 1-13、图 1-14）。其中，图 1-13 中右边钢筋中心线到梁端的距离，是保护层加二分之一钢筋直径。考虑两端的时候，其中心线长度要比图 1-14 中的短了一个直径。

2. 大于 90°、小于或等于 180°弯钩的设计标准尺寸

大于 90°、小于或等于 180°弯钩的设计标准尺寸，如图 1-15、图 1-16 所示。

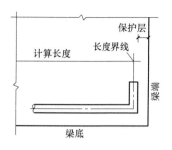

图 1-13 长梁中弯折钢筋端部

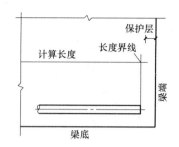

图 1-14 长梁中直形钢筋

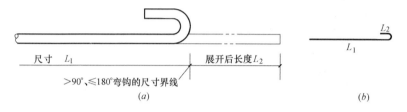

图 1-15 180°弯钩的设计标准尺寸

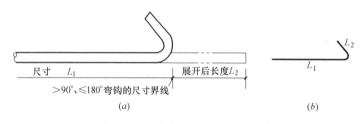

图 1-16 135°弯钩的设计标准尺寸

图 1-15 通常是结构设计尺寸的标注方法，也常与保护层有关；图 1-16 常用在拉筋的尺寸标注上。

3. 内皮尺寸

梁和柱中的箍筋，通常用内皮尺寸标注，这样便于设计。因为梁、柱截面的高、宽尺寸，各减去保护层厚度，就是箍筋的高、宽内皮尺寸，如图 1-17 所示。

4. 用于 30°、60°、90°斜筋的辅助尺寸

遇到有弯折的斜筋，需要标注尺寸的，除了沿斜向标注它的外皮尺寸外，还要把斜向尺寸当做直角三角形的斜边，而另外标注出它的两个直角边的尺寸，如图 1-18 所示。

图 1-17 箍筋的高、宽内皮尺寸

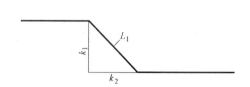

图 1-18 弯折的斜筋

从图 1-18 上，并看不出是不是外皮尺寸。如果再看看图 1-19，就可以知道它是外皮尺寸了。

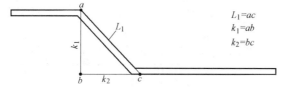

$$L_1=ac$$
$$k_1=ab$$
$$k_2=bc$$

图 1-19 弯折斜筋的外皮尺寸

1.1.5 钢筋计算常用数据

1. 钢筋的计算截面面积及理论重量

钢筋的计算截面面积及理论重量见表 1-6。

钢筋的计算截面面积及理论重量　　　　　　　　　表 1-6

钢筋公称直径 (mm)	不同根数钢筋的计算截面面积(mm²)									单根钢筋理论重量(kg/m)
	1	2	3	4	5	6	7	8	9	
6	28.3	57	85	113	142	170	198	226	255	0.222
8	50.3	101	151	201	252	302	352	402	453	0.395
10	78.5	157	236	314	393	471	550	628	707	0.617

2. 受拉钢筋锚固长度

受拉钢筋锚固长度见表 1-7～表 1-10。

受拉钢筋锚固长度 l_a　　　　　　　　　表 1-7

钢筋种类	混凝土强度等级																
	C20	C25		C30		C35		C40		C45		C50		C55		≥C60	
	$d\leqslant25$	$d\leqslant25$	$d>25$	$d\leqslant25$	$d>25$	$d\leqslant25$	$d>25$	$d\leqslant25$	$d>25$	$d\leqslant25$	$d>25$	$d\leqslant25$	$d>25$	$d\leqslant25$	$d>25$	$d\leqslant25$	$d>25$
HPB300	39d	34d	—	30d		28d		25d		24d		23d	—	22d	—	21d	—
HRB335	38d	33d	—	29d		27d		25d		23d		22d		21d		21d	
HRB400、HRBF400 RRB400	—	40d	44d	35d	39d	32d	35d	29d	32d	28d	31d	27d	30d	26d	29d	25d	28d
HRB500、HRBF500	—	48d	53d	43d	47d	39d	43d	36d	40d	34d	37d	32d	35d	31d	34d	30d	33d

受拉钢筋抗震锚固长度 l_{aE}　　　　　　　　　表 1-8

钢筋种类		混凝土强度等级																
		C20	C25		C30		C35		C40		C45		C50		C55		≥C60	
		$d\leqslant25$	$d\leqslant25$	$d>25$	$d\leqslant25$	$d>25$	$d\leqslant25$	$d>25$	$d\leqslant25$	$d>25$	$d\leqslant25$	$d>25$	$d\leqslant25$	$d>25$	$d\leqslant25$	$d>25$	$d\leqslant25$	$d>25$
HPB300	一、二级	45d	39d	—	35d		32d		29d		28d		26d		25d		24d	
	三级	41d	36d	—	32d		29d		26d		25d		24d		23d		22d	

续表

钢筋种类		C20 d≤25	C25 d≤25	C25 d>25	C30 d≤25	C30 d>25	C35 d≤25	C35 d>25	C40 d≤25	C40 d>25	C45 d≤25	C45 d>25	C50 d≤25	C50 d>25	C55 d≤25	C55 d>25	≥C60 d≤25	≥C60 d>25
HRB335	一、二级	44d	38d	—	33d	—	31d	—	29d	—	26d	—	25d	—	24d	—	24d	—
	三级	40d	35d	—	30d	—	28d	—	26d	—	24d	—	23d	—	22d	—	22d	—
HRB400 HRBF400	一、二级	—	46d	51d	40d	45d	37d	40d	33d	37d	32d	36d	31d	35d	30d	33d	29d	32d
	三级	—	42d	46d	37d	41d	34d	37d	30d	34d	29d	33d	28d	32d	27d	30d	26d	29d
HRB500 HRBF500	一、二级	—	55d	61d	49d	54d	45d	49d	41d	46d	39d	43d	37d	40d	36d	39d	35d	38d
	三级	—	50d	56d	45d	49d	41d	45d	38d	42d	36d	39d	34d	37d	33d	36d	32d	35d

注: 1. 当为环氧树脂涂层带肋钢筋时，表中数据尚应乘以 1.25。

2. 当纵向受拉钢筋在施工过程中易受扰动时，表中数据尚应乘以 1.1。

3. 当锚固长度范围内纵向受力钢筋周边保护层厚度为 3d、5d（d 为锚固钢筋的直径）时，表中数据可分别乘以 0.8、0.7；中间时按内插值。

4. 当纵向受拉普通钢筋锚固长度修正系数（注1～注3）多于一项时，可按连乘计算。

5. 受拉钢筋的锚固长度 l_a、l_{aE} 计算值不应小于 200。

6. 四级抗震时，$l_{aE}=l_a$。

7. 当锚固钢筋的保护层厚度不大于 5d 时，锚固钢筋长度范围内应设置横向构造钢筋，其直径不应小于 d/4（d 为锚固钢筋的最大直径）；对梁、柱等构件间距不应大于 5d，对板、墙等构件间距不应大于 10d，且均不应大于 100（d 为锚固钢筋的最小直径）。

8. HPB300 级钢筋末端应做 180°弯钩，做法详见图 1-20。

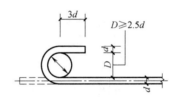

图 1-20　光圆钢筋末端 180°弯钩

受拉钢筋基本锚固长度 l_{ab}　　　　　　表 1-9

钢筋种类	C20	C25	C30	C35	C40	C45	C50	C55	≥C60
HPB300	39d	34d	30d	28d	25d	24d	23d	22d	21d
HRB335	38d	33d	29d	27d	25d	23d	22d	21d	21d
HRB400、HRBF400 RRB400	—	40d	35d	32d	29d	28d	27d	26d	25d
HRB500、HRBF500	—	48d	43d	39d	36d	34d	32d	31d	30d

3. 纵向受拉钢筋绑扎搭接长度

纵向受拉钢筋绑扎搭接长度见表 1-11、表 1-12。

抗震设计时受拉钢筋基本锚固长度 l_{abE}　　　　　　　表 1-10

钢筋种类		混凝土强度等级								
		C20	C25	C30	C35	C40	C45	C50	C55	≥C60
HPB300	一、二级	45d	39d	35d	32d	29d	28d	26d	25d	24d
	三级	41d	36d	32d	29d	26d	25d	24d	23d	22d
HRB335	一、二级	44d	38d	33d	31d	29d	26d	25d	24d	24d
	三级	40d	35d	31d	28d	26d	24d	23d	22d	22d
HRB400 HRBF400	一、二级	—	46d	40d	37d	33d	32d	31d	30d	29d
	三级	—	42d	37d	34d	30d	29d	28d	27d	26d
HRB500 HRBF500	一、二级	—	55d	49d	45d	41d	39d	37d	36d	35d
	三级	—	50d	45d	41d	38d	36d	34d	33d	32d

注：1. 四级抗震时，$l_{abE}＝l_{ab}$。

　　2. 当锚固钢筋的保护层厚度不大于 5d 时，锚固钢筋长度范围内应设置横向构造钢筋，其直径不应小于 $d/4$（d 为锚固钢筋的最大直径）；对梁、柱等构件间距不应大于 5d，对板、墙等构件间距不应大于 10d，且均不应大于 100mm（d 为锚固钢筋的最小直径）。

纵向受拉钢筋搭接长度 l_l　　　　　　　表 1-11

钢筋种类		混凝土强度等级																
		C20	C25		C30		C35		C40		C45		C50		C55		≥C60	
		d≤25	d≤25	d>25	d≤25	d>25	d≤25	d>25	d≤25	d>25	d≤25	d>25	d≤25	d>25	d≤25	d>25	d≤25	d>25
HPB300	≤25%	47d	41d	—	36d	—	34d	—	30d	—	29d	—	28d	—	26d	—	25d	—
	50%	55d	48d	—	42d	—	39d	—	35d	—	34d	—	32d	—	31d	—	29d	—
	100%	62d	54d	—	48d	—	45d	—	40d	—	38d	—	37d	—	35d	—	34d	—
HRB335	≤25%	46d	40d	—	35d	—	32d	—	30d	—	28d	—	26d	—	25d	—	25d	—
	50%	53d	46d	—	41d	—	38d	—	35d	—	32d	—	31d	—	29d	—	29d	—
	100%	61d	53d	—	46d	—	43d	—	40d	—	37d	—	35d	—	34d	—	34d	—
HRB400 HRBF400 RRB400	≤25%	—	48d	53d	42d	47d	38d	42d	35d	38d	34d	37d	32d	36d	31d	35d	30d	34d
	50%	—	56d	62d	49d	55d	45d	49d	41d	45d	39d	43d	38d	42d	36d	41d	35d	39d
	100%	—	64d	70d	56d	62d	51d	56d	46d	51d	45d	50d	43d	48d	42d	46d	40d	45d
HRB500 HRBF500	≤25%	—	58d	64d	52d	56d	47d	52d	43d	48d	41d	44d	38d	42d	37d	41d	36d	40d
	50%	—	67d	74d	60d	66d	55d	60d	48d	56d	48d	52d	44d	49d	43d	48d	42d	46d
	100%	—	77d	85d	69d	75d	62d	69d	58d	64d	54d	59d	51d	56d	50d	54d	48d	53d

注：1. 表中数值为纵向受拉钢筋绑扎搭接接头的搭接长度。

　　2. 两根不同直径钢筋搭接时，表中 d 取较细钢筋直径。

　　3. 当为环氧树脂涂层带肋钢筋时，表中数据尚应乘以 1.25。

　　4. 当纵向受拉钢筋在施工过程中易受扰动时，表中数据尚应乘以 1.1。

　　5. 当搭接长度范围内纵向受力钢筋周边保护层厚度为 3d、5d（d 为搭接钢筋的直径）时，表中数据尚可分别乘以 0.8、0.7；中间时按内插值。

　　6. 当上述修正系数（注 3～注 5）多于一项时，可按连乘计算。

　　7. 位于同一连接区段内的钢筋搭接接头面积百分率为表数据中间值时，搭接长度可按内插取值。

　　8. 任何情况下，搭接长度不应小于 300。

　　9. HPB300 级钢筋末端应做 180°弯钩，做法详见图 1-20。

纵向受拉钢筋抗震搭接长度 l_{lE} 表 1-12

钢筋种类			混凝土强度等级																
			C20	C25		C30		C35		C40		C45		C50		C55		≥C60	
			$d\leqslant25$	$d\leqslant25$	$d>25$	$d\leqslant25$	$d>25$	$d\leqslant25$	$d>25$	$d\leqslant25$	$d>25$	$d\leqslant25$	$d>25$	$d\leqslant25$	$d>25$	$d\leqslant25$	$d>25$	$d\leqslant25$	$d>25$
一、二级抗震等级	HPB300	≤25%	54d	47d	—	42d	—	38d	—	35d	—	34d	—	31d	—	30d	—	29d	—
		50%	63d	55d	—	49d	—	45d	—	41d	—	39d	—	36d	—	35d	—	34d	—
	HRB335	≤25%	53d	46d	—	40d	—	37d	—	35d	—	31d	—	30d	—	29d	—	29d	—
		50%	62d	53d	—	46d	—	43d	—	41d	—	36d	—	35d	—	34d	—	34d	—
	HRB400 HRBF400	≤25%	—	55d	61d	48d	54d	44d	48d	40d	44d	38d	43d	37d	42d	36d	40d	35d	38d
		50%	—	64d	71d	56d	63d	52d	56d	46d	52d	45d	50d	43d	49d	42d	46d	41d	45d
	HRB500 HRBF500	≤25%	—	66d	73d	59d	65d	54d	59d	49d	55d	47d	52d	44d	48d	43d	47d	42d	46d
		50%	—	77d	85d	69d	76d	63d	69d	57d	64d	55d	60d	52d	56d	50d	55d	49d	53d
三级抗震等级	HPB300	≤25%	49d	43d	—	38d	—	35d	—	31d	—	30d	—	29d	—	28d	—	26d	—
		50%	57d	50d	—	45d	—	41d	—	36d	—	25d	—	34d	—	32d	—	31d	—
	HRB335	≤25%	48d	42d	—	36d	—	34d	—	31d	—	29d	—	28d	—	26d	—	26d	—
		50%	56d	49d	—	42d	—	39d	—	36d	—	34d	—	32d	—	31d	—	31d	—
	HRB400 HRBF400	≤25%	—	50d	55d	44d	49d	41d	44d	36d	41d	35d	40d	34d	38d	32d	36d	31d	35d
		50%	—	59d	64d	52d	57d	48d	52d	42d	48d	41d	46d	39d	45d	38d	42d	36d	41d
	HRB500 HRBF500	≤25%	—	60d	67d	54d	59d	49d	54d	46d	50d	43d	47d	41d	44d	40d	43d	38d	42d
		50%	—	70d	78d	63d	69d	57d	63d	53d	59d	50d	55d	48d	52d	46d	50d	45d	49d

注：1. 表中数值为纵向受拉钢筋绑扎搭接接头的搭接长度。

2. 两根不同直径钢筋搭接时，表中 d 取较细钢筋直径。

3. 当为环氧树脂涂层带肋钢筋时，表中数据尚应乘以 1.25。

4. 当纵向受拉钢筋在施工过程中易受扰动时，表中数据尚应乘以 1.1。

5. 当搭接长度范围内纵向受力钢筋周边保护层厚度为 $3d$、$5d$（d 为搭接钢筋的直径）时，表中数据尚可分别乘以 0.8、0.7；中间时按内插值。

6. 当上述修正系数（注 3~注 5）多于一项时，可按连乘计算。

7. 当位于同一连接区段内的钢筋搭接接头面积百分率为 100% 时，$l_{lE}=1.6l_{aE}$。

8. 当位于同一连接区段内的钢筋搭接接头面积百分率为表中数据中间值时，搭接长度可按内插取值。

9. 任何情况下，搭接长度不应小于 300。

10. 四级抗震等级时，$l_{lE}=l_l$。

11. HPB300 级钢筋末端应做 180°弯钩，做法详见图 1-20。

4. 钢筋混凝土结构伸缩缝最大间距

钢筋混凝土结构伸缩缝最大间距见表 1-13。

5. 现浇钢筋混凝土房屋适用的最大高度

现浇钢筋混凝土房屋适用的最大高度见表 1-14。

钢筋混凝土结构伸缩缝最大间距（m） 表 1-13

结 构 类 别		室内或土中	露天
排架结构	装配式	100	70
框架结构	装配式	75	50
	现浇式	55	35
剪力墙结构	装配式	65	40
	现浇式	45	30
挡土墙、地下室墙壁等类结构	装配式	40	30
	现浇式	30	20

注：1. 装配整体式结构的伸缩缝间距，可根据结构的具体情况取表1-13中装配式结构与现浇式结构之间的数值。

2. 框架-剪力墙结构或框架-核心筒结构房屋的伸缩缝间距，可根据结构的具体布置情况取表1-13中框架结构与剪力墙结构之间的数值。

3. 当屋面无保温或隔热措施时，框架结构、剪力墙结构的伸缩缝间距宜按表1-13中露天栏的数值取用。

4. 现浇挑檐、雨罩等外露结构的局部伸缩缝间距不宜大于12m。

现浇钢筋混凝土房屋适用的最大高度（m） 表 1-14

结 构 类 型		烈 度				
		6	7	8(0.2g)	8(0.3g)	9
框架		60	50	40	35	24
框架-抗震墙		130	120	100	80	50
抗震墙		140	120	100	80	60
部分框支抗震墙		120	100	80	50	不应采用
筒体	框架核心筒	150	130	100	90	70
	筒中筒	180	150	120	100	80
板柱-抗震墙		80	70	55	40	不应采用

注：1. 房屋高度指室外地面到主要屋面板板顶的高度（不包括局部突出屋顶部分）；

2. 框架-核心筒结构指周边稀柱框架与核心筒组成的结构；

3. 部分框支抗震墙结构指首层或底部两层为框支层的结构，不包括仅个别框支墙的情况；

4. 表中框架，不包括异形柱框架；

5. 板柱-抗震墙结构指板柱、框架和抗震墙组成抗侧力体系的结构；

6. 乙类建筑可按本地区抗震设防烈度确定其适用的最大高度；

7. 超过表内高度的房屋，应进行专门研究和论证，采取有效的加强措施。

1.2 平法基础知识

1.2.1 平法的概念

建筑结构施工图平面整体设计方法，简称平法。它对目前我国混凝土结构施工图的设计表示方法作了重大改革。

平法的表达形式，概括地讲，就是把结构构件的尺寸和配筋等，按照平面整体表示方法制图规则，整体直接表达在各类构件的结构平面布置图上，再与标准构造详图相配合，即构成一套新型完整的结构设计。改变了传统的那种将构件从结构平面布置图中索引出来，再逐个绘制配筋详图、画出钢筋表的繁琐方法。

按平法设计绘制的施工图，一般是由两大部分构成，即各类结构构件的平法施工图和标准构造详图，但对于复杂的工业与民用建筑，尚需增加模板、预埋件和开洞等平面图。只有在特殊情况下才需增加剖面配筋图。

按平法设计绘制结构施工图时，应明确下列几个方面的内容：

（1）必须根据具体工程设计，按照各类构件的平法制图规则，在按结构（标准）层绘制的平面布置图上直接表示各构件的配筋、尺寸和所选用的标准构造详图。出图时，宜按基础、柱、剪力墙、梁、板、楼梯及其他构件的顺序排列。

（2）应将所有各构件进行编号，编号中含有类型代号和序号等。其中，类型代号的主要作用是指明所选用的标准构造详图；在标准构造详图上，已经按其所属构件类型注明代号，以明确该详图与平法施工图中相同构件的互补关系，使两者结合构成完整的结构设计图。

（3）应当用表格或其他方式注明包括地下和地上各层的结构层楼（地）面标高、结构层高及相应的结构层号。

在单项工程中，其结构层楼面标高和结构层高必须统一，以确保基础、柱与墙、梁、板等用同一标准竖向定位。为了便于施工，应将统一的结构层楼面标高和结构层高分别放在柱、墙、梁等各类构件的平法施工图中。

注：结构层楼面标高是指将建筑图中的各层地面和楼面标高值扣除建筑面层及垫层做法厚度后的标高，结构层号应与建筑楼面层号对应一致。

（4）按平法设计绘制施工图，为了能够保证施工员准确无误地按平法施工图进行施工，在具体工程的结构设计总说明中必须写明下列与平法施工图密切相关的内容：

1）选用平法标准图的图集号。

2）混凝土结构的使用年限。

3）有无抗震设防要求。

4）写明各类构件在其所在部位所选用的混凝土的强度等级和钢筋级别，以确定相应纵向受拉钢筋的最小搭接长度及最小锚固长度等。

5）写明柱纵筋、墙身分布筋、梁上部贯通筋等在具体工程中需接长时所采用的接头形式及有关要求。必要时，尚应注明对钢筋的性能要求。

6）当标准构造详图有多种可选择的构造做法时，写明在何部位选用何种构造做法；当没有写明时，则为设计人员自动授权施工员可以任选一种构造做法进行施工。

7）对混凝土保护层厚度有特殊要求时，写明不同部位的构件所处的环境类别在平面布置图上表示各构件配筋和尺寸的方式，分平面注写方式、截面注写方式和列表注写方式三种。

1.2.2 平法的特点

六大效果验证了"平法"科学性。从1991年10月"平法"首次运用于山东省济宁工商银行营业楼，到此后的三年在几十项工程设计上的成功实践，"平法"的理论与方法体系向全社会推广的时机已然成熟。1995 年 7 月 26 日，在北京举行了由建设部组织的"《建筑结构施工图平面整体设计方法》科研成果鉴定"，会上，我国结构工程界的众多知名专家对"平法"的六大效果一致认同，这六大效果如下：

1. 掌握全局

（1）"平法"使设计者容易进行平衡调整，易校审，易修改，改图可不牵连其他构件，易控制设计质量。

（2）"平法"能适应业主分阶段分层按图施工的要求，也能适应在主体结构开始施工后又进行大幅度调整的特殊情况。

（3）"平法"分结构层设计的图纸与水平逐层施工的顺序完全一致，对标准层可实现单张图纸施工，施工工程师对结构比较容易形成整体概念，有利于施工质量管理。

（4）"平法"采用标准化的构造详图，形象、直观，施工易懂、易操作。

2. 更简单

"平法"采用标准化的设计制图规则，结构施工图表达符号化、数字化，单张图纸的信息量较大并且集中；构件分类明确，层次清晰，表达准确，设计速度快，效率成倍提高。

3. 更专业

标准构造详图可集国内较可靠、成熟的常规节点构造之大成，集中分类归纳后编制成国家建筑标准设计图集供设计选用，可避免反复抄袭构造做法及伴生的设计失误，确保节点构造在设计与施工两个方面均达到高质量。另外，对节点构造的研究、设计和施工实现专门化提出了更高的要求。

4. 高效率

"平法"大幅度提高设计效率，可以立竿见影，能快速解放生产力，迅速缓解基本建设高峰时期结构设计人员紧缺的局面。在推广平法比较早的建筑设计院，结构设计人员与建筑设计人员的比例已明显改变，结构设计人员在数量上已经低于建筑设计人员，有些设计院结构设计人员只是建筑设计人员的二分之一至四分之一，结构设计周期明显缩短，结构设计人员的工作强度已显著降低。

5. 低能耗

"平法"大幅度降低设计消耗，降低设计成本，节约自然资源。平法施工图是定量化、有序化的设计图纸，与其配套使用的标准设计图集可以重复使用，与传统方法相比图纸量减少 70% 左右，综合设计工日减少三分之二以上，每十万平方米设计面积可降低设计成本 27 万元，在节约人力资源的同时还节约了自然资源。

6. 改变用人结构

（1）"平法"促进人才分布格局的改变，实质性地影响了建筑结构领域的人才结构。设计单位对工民建专业大学毕业生的需求量已经明显减少，为施工单位招聘结构人才留出了相当空间，大量工民建专业毕业生到施工单位择业逐渐成为普遍现象，使人才流向发生了比较明显的转变，人才分布趋向合理。随着时间的推移，高校培养的大批土建高级技术人才必将对施工建设领域的科技进步产生积极作用。

（2）促进人才竞争，"平法"促进结构设计水平的提高，促进设计院内的人才竞争。设计单位对年度毕业生的需求有限，自然形成了人才的就业竞争，竞争的结果自然应为比较优秀的人才有较多机会进入设计单位，长此以往，可有效提高结构设计队伍的整体素质。

1.2.3 平法制图与传统图示方法的区别

（1）以框架图中的梁和柱为例，在"平法制图"中的钢筋图示方法，施工图中只绘制梁、柱平面图，不绘制梁、柱中配置钢筋的立面图（梁不画截面图，而柱在其平面图上，只按编号不同各取一个在原位放大画出带有钢筋配置的柱截面图）。

（2）传统的框架图中梁和柱，既画梁、柱平面图，同时也绘制梁、柱中配置钢筋的立面图及其截面图；但在"平法制图"中的钢筋配置，省略不画这些图，而是去查阅《混凝土结构施工图平面整体表示方法制图规则和构造详图》。

（3）传统的混凝土结构施工图，可以直接从其绘制的详图中读取钢筋配置尺寸，而"平法制图"则需要查找相应的详图——《混凝土结构施工图平面整体表示方法制图规则和构造详图》中相应的详图，而且，钢筋的大小尺寸和配置尺寸，均以"相关尺寸"（跨度、钢筋直径、搭接长度、锚固长度等）为变量的函数来表达，而不是具体数字。借此用来实现其标准图的通用性。概括地说，"平法制图"使混凝土结构施工图的内容简化了。

（4）柱与剪力墙的"平法制图"，均以施工图列表注写方式，表达其相关规格与尺寸。

（5）"平法制图"中的突出特点，表现在梁的"原位标注"和"集中标注"上。"原位标注"概括地说分两种：标注在柱子附近处，且在梁上方，是承受负弯矩的箍筋直径和根数，其钢筋布置在梁的上部。标注在梁中间且下方的钢筋，是承受正弯矩的，其钢筋布置在梁的下部。"集中标注"是从梁平面图的梁处引铅垂线至图的上方，注写梁的编号、挑梁类型、跨数、截面尺寸、箍筋直径、箍筋肢数、箍筋间距、梁侧面纵向构造钢筋或受扭钢筋的直径和根数、通长筋的直径和根数等。如果"集中标注"中有通长筋时，则"原位标注"中的负筋数包含通长筋的数。

（6）在传统的混凝土结构施工图中，计算斜截面的抗剪强度时，在梁中配置45°或60°的弯起钢筋。而在"平法制图"中，梁不配置这种弯起钢筋，而是由加密的箍筋来承受其斜截面的抗剪强度。

第 2 章　基 本 公 式

一般构件钢筋多由直钢筋、弯起钢筋和箍筋组成，其下料长度计算基本公式如下：

直钢筋下料长度＝构件长度－保护层厚度＋弯钩增加值

弯起钢筋下料长度＝直段长度＋斜段长度＋弯钩增加值－弯折量度差值

箍筋下料长度＝箍筋周长＋弯钩增加值±弯折量度差值

2.1　外皮差值公式推导

1. 角度基准

钢筋弯曲前的原始状态是一笔直的钢筋，所以弯折以前角度为零度。这个零度的钢筋轴线就称为"角度基准"。

2. 小于或等于 90°钢筋弯曲外皮差值计算公式

图 2-1 是推导等于或小于 90°弯曲加工钢筋时，计算差值的例子。钢筋的直径为 d；钢筋弯曲的加工半径为 R。钢筋加工弯曲后，钢筋内皮 p、q 间弧线，就是以 R 为半径的弧线。

题设钢筋弯折的角度为 $\alpha°$。

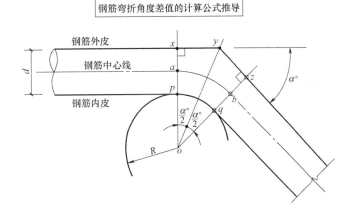

图 2-1　等于或小于 90°弯曲钢筋的加工尺寸

【解】

自 o 点引线垂直交水平钢筋外皮线于 x 点，再从 o 点引线垂直交倾斜钢筋外皮线于 z 点。$\angle xoz$ 等于 $\alpha°$。oy 平分 $\angle xoz$，得到两个 $\alpha°/2$。

前面讲过，钢筋加工弯曲后，钢筋中心线的长度是不会改变的。xy 加 yz 之和的展开长度，同弧线展开的长度之差，就是所求的差值。

$$\overline{xy} = \overline{yz} = (R+d) \times \tan \frac{\alpha^\circ}{2}$$

$$\overline{xy} = \overline{yz} = 2 \times (R+d) \times \tan \frac{\alpha^\circ}{2}$$

$$\widehat{ab} = \left(R + \frac{d}{2}\right) \times \alpha$$

$$\overline{xy} + \overline{yz} - \widehat{ab} = 2 \times (R+d) \times \tan \frac{\alpha^\circ}{2} - \left(R + \frac{d}{2}\right) \times \alpha$$

以角度 α°、弧度 α 和 R 为变量计算外皮差值公式：

$$\boxed{2 \times (R+d) \times \tan \frac{\alpha^\circ}{2} - \left(R + \frac{d}{2}\right) \times \alpha} \tag{2-1}$$

式中　α°——角度；

　　　α——弧度。

α 为弧度，α° 为角度，注意区别。

用角度 α° 换算弧度 a 的公式：

$$弧度 = \pi \times 角度/180^\circ$$
$$（即 \ \alpha = \pi \times \alpha^\circ/180^\circ） \tag{2-2}$$

式（2-1）中也可以包含把角度换算成弧度公式，如式（2-3）：

$$\boxed{2 \times (R+d) \times \tan \frac{\alpha^\circ}{2} - \left(R + \frac{d}{2}\right) \times \pi \times \frac{\alpha^\circ}{180^\circ}} \tag{2-3}$$

3. 钢筋加工弯曲半径的设定

常用钢筋加工弯曲半径设定见表 2-1。

常用钢筋加工弯曲半径 R　　　　　　　　　　　　　　　　表 2-1

钢　筋　用　途	钢筋加工弯曲半径 R
HPB300 级[①]箍筋、拉筋	2.5 倍箍筋直径 d 且＞主筋直径/2
HPB300 级[①]主筋	≥1.25 倍钢筋直径 d
HRB335 级[①]主筋	≥2 倍钢筋直径 d
HRB400 级[①]主筋	≥2.5 倍钢筋直径 d
平法框架主筋直径 $d \leqslant 25$mm	4 倍钢筋直径 d
平法框架主筋直径 $d > 25$mm	6 倍钢筋直径 d
平法框架顶层边节点主筋直径 $d \leqslant 25$mm	6 倍钢筋直径 d
平法框架顶层边节点主筋直径 $d > 25$mm	8 倍钢筋直径 d
轻骨料混凝土结构构件 HPB300 级主筋	≥3.5 倍钢筋直径 d

① HPB300、HRB335、HRB400 就是工地上习惯说的Ⅰ级、Ⅱ级和Ⅲ级钢筋。

【例 2-1】 图 2-2 为钢筋表中的简图。并且已知钢筋是非框架结构构件 HPB300 级主

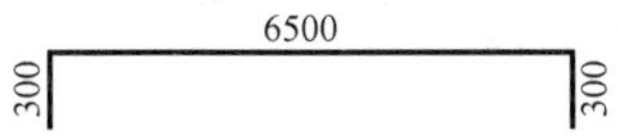

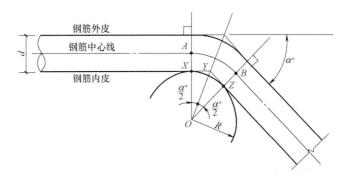

图 2-2 钢筋表中的简图

筋，直径 $d=22$mm。求钢筋加工弯曲前，所需备料切下的实际长度。

【解】 1. 查表 2-1，得知钢筋加工弯曲半径 $R=1.25$ 倍钢筋直径 $d=22$mm；

2. 由图 2-2 知，$\alpha=90°$；

3. 计算与 $\alpha°=90°$ 相对应的弧度值 $\alpha=\pi \times 90°/180°=1.57$；

4. 将 $R=1.25d$、$d=22$、角度 $\alpha°=90°$ 和弧度 $a=1.57$ 代入式（2-1）中，求一个 $90°$ 弯钩的差值为：

$$2 \times (1.25 \times 22 + 22) \times \tan(90°/2) - (1.25 \times 22 + 22/2) \times 1.57$$
$$=99 \times 1 - 60.445$$
$$=38.555\text{mm}$$

5. 下料长度为：

$$6500 + 300 + 300 - 2 \times 38.555 = 7022.9\text{mm}$$

2.2 内皮差值公式推导

小于或等于 90°钢筋弯曲内皮差值计算公式

如图 2-3 所示为小于或等于 90°的弯曲钢筋。

图 2-3 小于或等于 90°的弯曲钢筋

折线的长度 $$\overline{XY} = \overline{YZ} = R \times \tan\frac{\alpha°}{2}$$

二折线之和的展开长度 $$\overline{XY} + \overline{YZ} = 2 \times R \times \tan\frac{\alpha°}{2}$$

弧线展开长度 $$\overset{\frown}{AB} = \left(R + \frac{d}{2}\right) \times \pi \times \frac{\alpha°}{180°}$$

以角度 α 和 R 为变量计算内皮差值公式：

$$\boxed{\overline{XY} + \overline{YZ} - \overset{\frown}{AB} = 2 \times R \times \tan\frac{\alpha°}{2} - \left(R + \frac{d}{2}\right) \times \pi \times \frac{\alpha°}{180°}}$$

(2-4)

【例 2-2】 图 2-4 为钢筋表中的简图，并且已知是非框架结构构件 HPB300 级主筋，直径 $d=22\text{mm}$。求钢筋加工弯曲前，所需备料切下的实际长度。

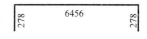

图 2-4 钢筋表中的简图

【解】 1. 查表 2-1，得知钢筋加工弯曲半径 $R=1.25$ 倍钢筋直径 $d=22\text{mm}$；

2. 由图 2-4 知，$\alpha°=90°$；

3. 计算与 a 的弧度值 $=90°\times\pi/180°=1.57$；

4. 将 $R=1.25d$、$d=22$、角度 $\alpha°=90°$ 和弧度 $a=1.57$ 代入式（2-4）中，求一个 $90°$ 弯钩的差值

$$2\times1.25d\times\tan(90°/2)-(1.25d+d/2)\times1.57$$
$$=2.5d-1.75d\times1.57$$
$$=55-38.5\times1.57=5.445\text{mm}$$

5. 下料长度为：
$$6456+278+278-2\times5.445$$
$$=6456+278+278-10.89$$
$$=7001.11\text{mm}$$

2.3 中心线法计算弧线展开度

1. 180°弯钩弧长

图 2-5 为 180°弯钩的展开图。

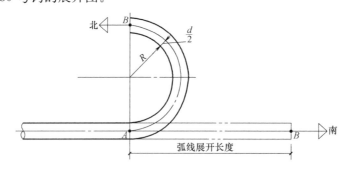

图 2-5 180°弯钩的展开弧线长度

180°弯钩的展开弧线长度，也可以把它看成是由两个 90°弯钩组合而成（图 2-6）。

参看图 2-6，仍可以按照"外皮法"计算，结果一样。相当于把图 2-6（a）和图 2-6（b）加起来。它们都是：

$$\text{外皮法180°弯钩弧长}=4\times(R+d)-2\times\text{差值} \tag{2-5}$$

结果是一样的。

参看图 2-5，"用中心线法"计算 180°弯钩的钢筋长度时，则

$$\text{中心线法180°弯钩弧长}=(R+d/2)\times\pi \tag{2-6}$$

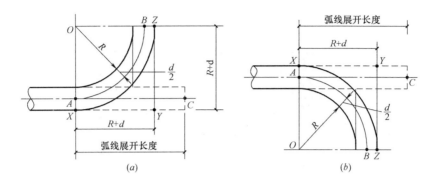

图 2-6 两个 90°弯钩

验算：设 $d=10$mm；$R=2.5d$；差值＝$2.288d$。试用式（2-5）、式（2-6）分别计算之。

式（2-5）外皮差值法：

$$4\times(2.5\times10+10)-2\times2.288\times10=94.24\text{mm}$$

式（2-6）中心线法：

$$(2.5\times10+10/2)\times\pi=94.24\text{mm}$$

计算结果证明两法一致。

2. 135°弯钩弧长

图 2-7 所示为 135°弯钩弧长图。

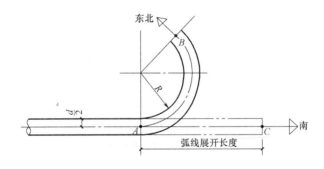

图 2-7 135°弯钩弧长

135°弯钩的展开弧线长度，也可以把它看成是由一个 90°弯钩和一个 45°弯钩的展开弧线长度组合而成。参看图 2-7，仍可以按照"外皮法"计算，结果一样，相当于把图 2-8（a）和图 2-8（b）加起来。

为了便于比较，这里还是先按照"外皮法"计算。

设箍筋 $d=10$mm；$R=2.5d$；90°差值＝$2.288d$；45°差值＝$0.543d$（见表 2-3）。

外皮法：

（1）计算图 2-8（b）部分，$\alpha°=45°$。

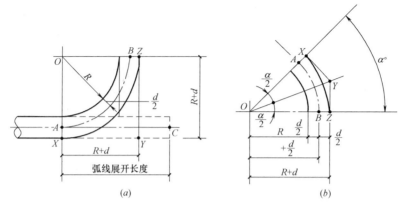

图 2-8 一个 90°弯钩和一个 45°弯钩的展开图

$$2\times(R+d)\times\tan(\alpha^{\circ}/2)-0.543d$$
$$=2\times(2.5\times10+10)\times\tan(45^{\circ}/2)-0.543\times10$$
$$=70\times0.414-5.43$$
$$=23.55\text{mm}$$

（2）计算图 2-8（a）部分，$\alpha=90^{\circ}$。

$$2\times(R+d)\times\tan(90^{\circ}/2)-2.288d$$
$$=2\times(2.5\times10+10)\times1-2.288\times10$$
$$=70-22.88=47.12\text{mm}$$

（3）$23.55+47.12=70.67\text{mm}$

中心线法：

$$(R+d/2)\times\pi\times135^{\circ}/180^{\circ}$$
$$=(2.5\times10+10/2)\times\pi\times3/4$$
$$=70.68\text{mm}$$

135°弯钩的展开弧线长度的中心线法公式：

$$\text{中心线法135°弯钩弧长}=(R+d/2)\times\pi\times3/4 \tag{2-7}$$

3. 90°、60°、45°、30°弯钩和圆环的展开弧线长度

这些弧线长度的中心线法公式见表 2-2。

90°、60°、45°、30°弯钩和圆环的展开弧线长度的中心线法公式　　　　　　　　　　表 2-2

情　　况	图	公　　式
90°弯钩的展开弧线长度的中心线法公式	90°弯钩的展开弧线长度图	中心线法 90°弯钩弧长$=(R+d/2)\times\pi/2$

情　况	图	公　式
60°弯钩的展开弧线长度的中心线法公式		中心线法 60°弯钩弧长＝$(R+d/2)×\pi/3$
45°弯钩的展开弧线长度的中心线法公式		45°弯钩的展开弧线长度＝$(R+d/2)×\pi/4$
30°弯钩的展开弧线长度的中心线法公式		30°弯钩的展开弧线长度＝$(R+d/2)×\pi/6$
圆环的展开弧线长度的中心线法公式		圆环的展开弧线长度＝$d×2\pi$

2.4　弯曲钢筋差值表

1. 标注钢筋外皮尺寸的差值表

外皮尺寸的差值（见表 2-3、表 2-4），均为负值。

钢筋外皮尺寸的差值表（一） 表 2-3

弯曲角度	箍筋	HPB300 级主筋	平法框架主筋		
	$R=2.5d$	$R=1.25d$	$R=4d$	$R=6d$	$R=8d$
30°	0.305d	0.29d	0.323d	0.348d	0.373d
45°	0.543d	0.49d	0.608d	0.694d	0.78d
60°	0.9d	0.765d	1.061d	1.276d	1.491d
90°	2.288d	1.751d	2.931d	3.79d	4.648d
135°	2.831d	2.24d	3.539d	4.484d	5.428d
180°	4.576d	3.502d			

注：1. 135°和180°的差值必须具备准确的外皮尺寸值；

2. 平法框架主筋 $d \leqslant 25mm$ 时，$R=4d$（$6d$）；$d > 25mm$ 时，$R=6d$（$8d$）。括号内为顶层边节点要求。

根据表 2-3 中 HPB300 级主筋 180°外皮尺寸的差值，再来把【例 2-1】的图 2-2 验算一下。它的下料尺寸应为：

$$6500+300+300-3.502 \times 22 = 7022.9mm$$

结果与【例 2-1】的计算答案一样。

钢筋外皮尺寸的差值表（二） 表 2-4

弯曲角度	HRB335 级主筋	HRB400 级主筋	轻骨料中 HPB300 级主筋
	$R=2d$	$R=2.5d$	$R=1.75d$
30°	0.299d	0.305d	0.296d
45°	0.522d	0.543d	0.511d
60°	0.846d	0.9d	0.819d
90°	2.073d	2.288d	1.966d
135°	2.595d	2.831d	2.477d
180°	4.146d	4.576d	3.932d

注：135°和180°的差值必须具备准确的外皮尺寸值。

135°的弯曲差值，要画出它的外皮线，如图 2-9 所示。

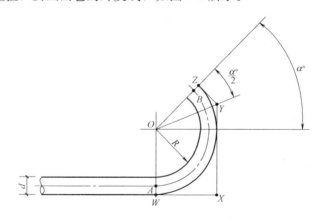

图 2-9 135°弯曲的外皮线

外皮线的总长度为：

$$WX+XY+YZ$$

下料长度为：

$$WX+XY+YZ-135°的差值$$

如按图 2-9 推导算式时，则：

$$90°弯钩的展开弧线长＝2×(R+d)+2×(R+d)×\tan(α°/2)-135°的差值 \qquad (2-8)$$

利用前面例子，仍设箍筋 $d=10mm$；$R=2.5d$；$α°=45°$；差值＝$2.831×d$。则有：

$$2×(2.5×10+10)+2×(2.5×10+10)×\tan22.5°-28.31$$
$$=70+70×0.414-28.31$$
$$=70.67mm$$

与前面例子计算的结果一致。

2. 标注钢筋内皮尺寸的差值表

钢筋内皮尺寸的差值表见表 2-5。通常箍筋标注内皮尺寸。

钢筋内皮尺寸的差值表 表 2-5

弯曲角度	箍筋差值	弯曲角度	箍筋差值
	$R=2.5d$	90°	$-0.288d$
30°	$-0.231d$	135°	$+0.003d$
45°	$-0.285d$	180°	$+0.576d$
60°	$-0.255d$		

2.5　特殊钢筋的下料长度

1. 变截面构件钢筋下料长度

变截面构件就是构件截面随着构件的延长面变大或缩小的构件，如挑梁等。对于变截面构件，其中的纵横向钢筋长度或箍筋高度存在多种长度，这个长度可用下面的等差关系进行计算。

$$\Delta=\frac{l_d-l_c}{n-1} \quad 或 \quad \Delta=\frac{h_d-h_c}{n-1} \quad n=\frac{s}{a}+1 \qquad (2-9)$$

式中　Δ——相邻钢筋的长度差或相邻钢筋的高度差；

　　　l_d、l_c——分别是变截面构件纵横钢筋的最大和最小长度；

　　　h_d、h_c——分别是构件箍筋的最高处和最低处；

　　　n——纵横钢筋根数或箍筋个数；

　　　s——钢筋或箍筋的最大与最小之间的距离；

　　　a——钢筋的相邻间距。

【例 2-3】 薄腹梁尺寸及箍筋如图 2-10 所示。试确定每个箍筋的高度（保护层厚 25mm）。

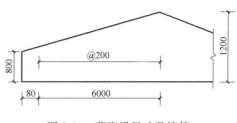

图 2-10 薄腹梁尺寸及箍筋

【解】 梁上部斜面坡度为：$\dfrac{1200-800}{6000}=\dfrac{1}{15}$

最低处的箍筋高度为：$(800-2\times25)+80\times\dfrac{1}{15}=755$mm

最高处的箍筋高度为：$1200-2\times25=1150$mm

箍筋个数 $n=\dfrac{s}{a}+1=(6000-80)/200+1=30.6$，取 31 个箍筋

相邻箍筋高差 $\qquad \Delta=\dfrac{h_d-h_c}{n-1}=\dfrac{1200-800}{31-1}=13.3$mm

故每个箍筋的高度分别为：755mm、768.3mm、781.6mm、…、1150mm。

2. 圆形构件钢筋下料长度

圆形构件配筋分为两种，一是弦长，由圆心向两边对称分布，另一种是按圆周形式布筋。当按弦长配筋时，先计算出钢筋所在位置的弦长，再减去两端保护层厚度即可得钢筋长度。

（1）当钢筋根数为双数时，如图 2-11 所示（即钢筋的数量为双数），钢筋配置时圆心处不通过，配筋有相同的两组，弦长按下式计算：

$$l_i=a\sqrt{(n+1)^2-(2i-1)^2} \qquad (2-10)$$

（2）当钢筋根数为单数时，如图 2-11 所示（即钢筋的数量为单数），有一根钢筋从圆心处通过，其余对称分布，弦长按下式计算：

$$l_i=a\sqrt{(n+1)^2-(2i)^2} \qquad (2-11)$$

$$n=\dfrac{D}{a}-1$$

式中 $\quad l_i$——第 i 根（从圆心起两边记数）钢筋所在弦长；

$\qquad i$——序号数；

$\qquad n$——钢筋数量；

$\qquad a$——钢筋间距；

$\qquad D$——圆形构件直径。

【例 2-4】 图 2-11 为一直径为 2.4m 的钢筋混凝土圆板，钢筋沿弦长布置，间距为单数，保护层厚度为 25mm。求每根钢筋的长度。

【解】 由图 2-11 可知，该构件配筋数 $n=10$，1～5 号钢筋的长度分别为：

$$l_1=a\sqrt{(n+1)^2-(2i-1)^2}-50=\dfrac{2400}{10+1}\sqrt{(10+1)^2-(2\times1-1)^2}-50$$

$$=2340\text{mm}=2.34\text{m}$$

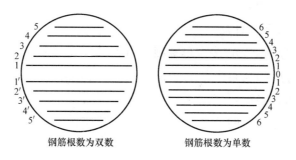

图 2-11 按弦长布置钢筋

$$l_2 = \frac{2400}{10+1}\sqrt{(10+1)^2-(2\times2-1)^2}-50 = 2259\text{mm} = 2.26\text{m}$$

$$l_3 = \frac{2400}{10+1}\sqrt{(10+1)^2-(2\times3-1)^2}-50 = 2088\text{mm} = 2.09\text{m}$$

$$l_4 = \frac{2400}{10+1}\sqrt{(10+1)^2-(2\times4-1)^2}-50 = 1801\text{mm} = 1.8\text{m}$$

$$l_5 = \frac{2400}{10+1}\sqrt{(10+1)^2-(2\times5-1)^2}-50 = 1330\text{mm} = 1.33\text{m}$$

3. 按圆周布置的圆形钢筋下料长度

如图 2-12 所示，先将每根钢筋所在圆的直径求出，然后乘以圆周率，即为圆形钢筋的下料长度。

4. 半球形钢筋的下料长度计算

半球形构件的形状如图 2-13 所示。

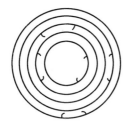

图 2-12 按圆周布置钢筋

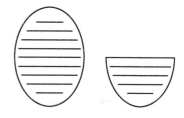

图 2-13 半球形构件示意图

缩尺钢筋是按等距均匀分布的，成直线形。计算方法与圆形构件直线形配筋相同，先确定每根钢筋所在位置的弦和圆心的距离 C。弦长可按下式计算：

$$l_0 = \sqrt{D^2-4C^2} \quad \text{或} \quad l_0 = 2\sqrt{R^2-C^2} \tag{2-12}$$

以上所求弦长，减去两端保护层厚度，即得钢筋长。

$$l_i = 2\sqrt{R^2-C^2}-2d \tag{2-13}$$

式中　l_0——圆形切块的弦长；

　　　D——圆形切块的直径；

　　　C——弦心距，圆心至弦的垂线长；

R——圆形切块的半径。

5. 螺旋箍筋的下料长度计算

可以把螺旋箍筋分别割成许多个单螺旋（图 2-14），单螺旋的高度称为螺距。

$$L=\sqrt{H^2+(\pi Dn)^2} \qquad (2\text{-}14)$$

式中　L——螺旋箍筋的长度；

　　　H——螺旋箍筋起始点的垂直高度；

　　　D——螺旋直径；

　　　n——螺旋缠绕圈数，$n=H/P$（P 为螺距）。

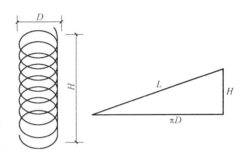

图 2-14　螺旋钢筋

【例 2-5】　有一个圆形钢筋混凝土柱，采用螺旋形箍筋，钢筋骨架沿直径方向的主筋外皮距离为 290mm，钢筋为 $\phi10$，箍筋螺距 $P=$ 90mm。求每米钢筋骨架螺旋箍筋长度。

【解】
$$D=290+10=300mm$$

$$L=\sqrt{H^2+(\pi Dn)^2}=\sqrt{1000^2+\left(3.14\times300\times\frac{1000}{90}\right)^2}=10520mm=10.52m$$

6. 变截面（梯形）钢筋长度计算

根据梯形中位线原理（以图 2-15 为例）：

$$L_1+L_6=L_2+L_5=L_3+L_4=2L_0$$

所以，
$$L_1+L_2+L_3+L_4+L_5+L_6=2L_0\times3$$

即：
$$\sum L_{1-6}=6L_0 \qquad \sum L_{1-n}=nL_0 \qquad (2\text{-}15)$$

式中，n 为钢筋总根数（不管与中位线是否重合）。

【例 2-6】　某现浇混凝土板如图 2-15 所示，上部长度为 3m，底部长度为 5m，混凝土保护层厚度为 30mm。计算其横向钢筋的长度。

【解】
$$L_0=(3-0.03\times2+5-0.03\times2)/2+6.25\times0.01\times2=4.07m$$

则
$$L_{1-6}=6\times L_0=6\times4.07=24.42m$$

7. 变截面（三角形）钢筋长度计算

根据三角形中位线原理，以图 2-16 为例。

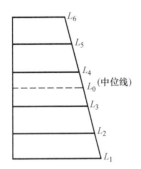

图 2-15　变截面（梯形）钢筋

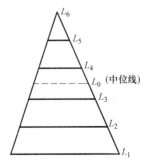

图 2-16　变截面（三角形）钢筋

$$L_1 = L_2 + L_5 = L_3 + L_4 = 2L_0$$

所以：
$$L_1 + L_2 + L_3 + L_4 + L_5 + L_6 = 2L_0 \times 3$$

即：
$$\sum L_{1-6} = 6L_0 = (5+1)L_0 \qquad \sum L_{1-n} = (n+1)L_0 \qquad (2\text{-}16)$$

式中，n 为钢筋总根数（不管与中位线是否重合）。

8. 钢筋重量计算

在钢筋的使用中，均是以千克（kg）、吨（t）为单位对钢筋的消耗进行衡量的。

重量的计算需要了解钢材的密度和物体的体积，现以 1m 长度的钢筋来进行计算：

每米不同直径钢筋的体积：

$$V = \pi d^2 / 4 \times 1000 = 250\pi d^2$$

钢筋的密度
$$\rho = 7850 \times 10^{-9} \, \text{kg/mm}^3$$

每米钢筋重量 $G = \rho V = 250\pi d^2 \times 7850 \times 10^{-9} \, \text{kg/mm}^3 = 0.00617 d^2$ （kg）

2.6 箍筋

2.6.1 箍筋概念

箍筋的常用形式有三种，目前施工图上应用最多的是如图 2-17（c）所示的形式。

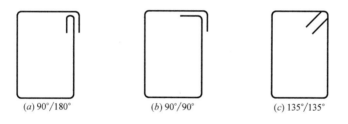

（a）90°/180°   （b）90°/90°   （c）135°/135°

图 2-17 箍筋示意图

图 2-17（a）90°/180°和图 2-17（b）90°/90°形式，用于非抗震结构；图 2-17（c）135°/135°形式，用于平法框架抗震结构或非抗震结构中。

2.6.2 根据箍筋的内皮尺寸计算箍筋的下料尺寸

1. 箍筋下料公式

图 2-18（a）是绑扎在梁柱中的箍筋（已经弯曲加工完的）。为了便于计算，假想它由两个部分组成：一个是图 2-18（b）；一个是图 2-18（c）。图 2-18（b）是一个闭合的矩形，但是，四个角是以 $R = 2.5d$ 为半径的弯曲圆弧；图 2-18（c）中，有一个半圆，它是由一个半圆和两个相等的直线组成。图 2-18（d）为图 2-18（c）的放大。

下面根据图 2-18（b）和图 2-18（c），分别计算，加起来就是箍筋的下料长度。

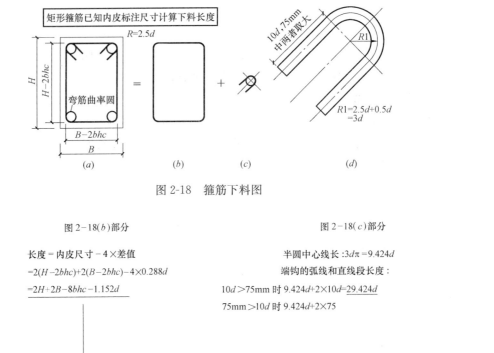

图 2-18 箍筋下料图

图 2-18(b)部分

长度 = 内皮尺寸 - 4×差值

$=2(H-2bhc)+2(B-2bhc)-4×0.288d$

$=2H+2B-8bhc-1.152d$

图 2-18(c)部分

半圆中心线长：$3d\pi=9.424d$

端钩的弧线和直线段长度：

$10d > 75mm$ 时 $9.424d+2×10d=\underline{29.424d}$

$75mm > 10d$ 时 $9.424d+2×75$

$10d > 75mm$ 时：   箍筋下料长度 $=2H+2B-8bhc+28.272d$ (2-17)

$75mm > 10d$ 时：   箍筋下料长度 $=2H+2B-8bhc+8.272d+150$ (2-18)

式中，bhc 代表保护层。

图 2-18（b）是带有圆角的矩形，四边的内部尺寸，减去内皮法的钢筋弯曲加工的 90° 差值，就是这个矩形的长度。

图 2-18（c）由半圆和两段直筋组成。半圆圆弧的展开长度，由它的中心线的展开长度来决定。中心线的圆弧半径为 $R+d/2$，半圆圆弧的展开长度是（$R+d/2$）乘以 π。箍筋的下料长度，要注意钩端的直线长度的规定，是 $10d$ 大还是 $75mm$ 大？可由式（2-17）及式（2-18）判断。

对于上面两个公式，进行进一步分析推导，发现因箍筋直径大小不同，当直径为 $6.5mm$ 时，采用式（2-18）；当直径大于或等于 $8mm$ 的钢筋，采用式（2-17）。

2. 箍筋的四个框内皮尺寸的算法

图 2-19 是放大了的部分箍筋图，再结合图 2-20 得知，箍筋的四个框内皮尺寸的算法如下：

由图 2-19 和图 2-20 得知，可以把箍筋的四个框内皮尺寸的算法，归纳如下。

箍筋左框 $L1=H-2bhc$ (2-19)

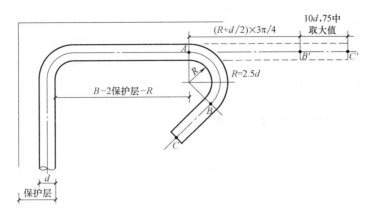

图 2-19 放大了的部分箍筋图

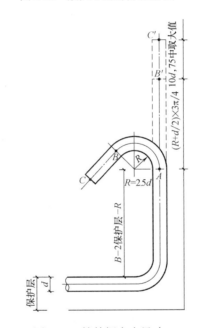

图 2-20 箍筋框内皮尺寸

箍筋底框 $$L2 = B - 2bhc \tag{2-20}$$

箍筋右框 $$L3 = H - 2bhc - R + (R+d/2)3\pi/4 + 10d，用于10d>75 \tag{2-21}$$

箍筋右框 $$L3 = H - 2bhc - R + (R+d/2)3\pi/4 + 75，用于75>10d \tag{2-22}$$

箍筋上框 $$L4 = B - 2bhc - R + (R+d/2)3\pi/4 + 10d，用于10d>75 \tag{2-23}$$

箍筋上框 $$L4 = B - 2bhc - R + (R+d/2)3\pi/4 + 75，用于75>10d \tag{2-24}$$

式中　bhc——保护层；

　　　R——弯曲半径；

　　　d——钢筋直筋；

　　　H——梁柱截面高度；

　　　B——梁柱截面宽度。

通过验算可以得到，箍筋下料式（2-17）、式（2-18）和式（2-19）到式（2-24）是一致的。即把式（2-19）、式（2-20）、式（2-21）和式（2-23）加起来再减去三个角的内皮差值，就等于式（2-17）；式（2-19）、式（2-20）、式（2-22）和式（2-24）加起来再减去三个角的内皮差值，就等于式（2-18）。

2.6.3　根据箍筋的外皮尺寸计算箍筋的下料尺寸

1. 箍筋下料公式

施工图上个别情况，也可能遇到箍筋标注外皮尺寸，如图 2-21 所示。

图 2-21　箍筋标注的外皮尺寸

这时，要用到外皮差值来进行计算，参看图 2-22。

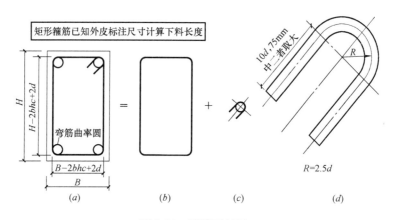

图 2-22　箍筋下料图

图 2-22(b)部分　　　　　　　　　　　图 2-22(d)部分

半圆中心线长：
$$3d\pi \approx 9.424d$$

长度 = 外皮尺寸 − 4×差值

$$=2(H-2bhc+2d)+2(B-2bhc+2d)-4\times2.288d$$

$$=2H+2B-8bhc+d-9.152d$$

$$=2H+2B-8bhc-1.152d$$

$10d>75\text{mm}$ 情况下：

$$9.424d+2\times10d$$
$$=29.424d$$

$75\text{mm}>10d$ 情况下：

$$9.424d+2\times75$$
$$=9.424d+150$$

$10d>75\text{mm}$ 情况下： 箍筋下料长度 $=2H+2B-8bhc+28.272d$ 　　　　（2-25）

$75\text{mm}>10d$ 情况下： 箍筋下料长度 $=2H+2B-8bhc+8.272d+150$ 　　　　（2-26）

式中 bhc——保护层。

图 2-22（b）是带有圆角的矩形，四边的外部尺寸，减去外皮法的钢筋弯曲加工的 90°差值就是这个矩形的长度。

图 2-22（c）是由半圆和两段直筋组成的。半圆圆弧的展开长度，是由它的中心线的展开长度来决定的。中心线的圆弧半径为 $R+d/2$，半圆圆弧的展开长度是（$R+d/2$）乘以 π。箍筋的下料长度，要注意钩端的直线长度的规定，是 $10d$ 大？还是 $75mm$ 大？注意正确选择公式。

2. 箍筋的四个框外皮尺寸的算法

图 2-23 是放大了的部分箍筋图，再结合图 2-24 得知，箍筋的四个框外皮尺寸的算法如下：

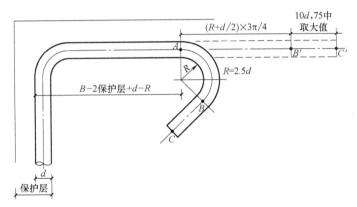

图 2-23　放大了的部分箍筋图

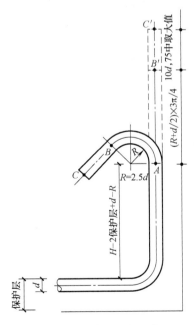

图 2-24　箍筋框外皮尺寸

箍筋左框 $\qquad\qquad\qquad\qquad\qquad L_1 = H - 2bhc + 2d$ $\qquad\qquad\qquad\qquad$ (2-27)

箍筋底框 $\qquad\qquad\qquad\qquad\qquad L_2 = B - 2bhc + 2d$ $\qquad\qquad\qquad\qquad$ (2-28)

箍筋右框 $\quad L_3 = H - 2bhc + d - R + (R + d/2)3\pi/4 + 10d$，用于 $10d > 75$ $\qquad$ (2-29)

箍筋右框 $\quad L_3 = H - 2bhc + d - R + (R + d/2)3\pi/4 + 75$，用于 $75 > 10d$ $\qquad$ (2-30)

箍筋上框 $\quad L_4 = B - 2bhc + d - R + (R + d/2)3\pi/4 + 10d$，用于 $10d > 75$ $\qquad$ (2-31)

箍筋上框 $\quad L_4 = B - 2bhc + d - R + (R + d/2)3\pi/4 + 75$，用于 $75 > 10d$ $\qquad$ (2-32)

式中　bhc——保护层；

$\qquad R$——弯曲半径；

$\qquad d$——钢筋直筋；

$\qquad H$——梁柱截面高度；

$\qquad B$——梁柱截面宽度。

通过验算可以得到箍筋下料式（2-25）、式（2-26）和式（2-27）到式（2-32）是一致的。即把式（2-27）、式（2-28）、式（2-29）和式（2-31）加起来再减去三个角的外皮差值，就等于式（2-25）；式（2-27）、式（2-28）、式（2-30）和式（2-32）加起来再减去三个角的外皮差值，就等于式（2-26）。

2.6.4　根据箍筋的中心线尺寸计算钢筋下料尺寸

现在要讲的方法就是对箍筋的所有线段，都用计算中心线的方法，计算箍筋的下料尺寸，如图 2-25 所示。

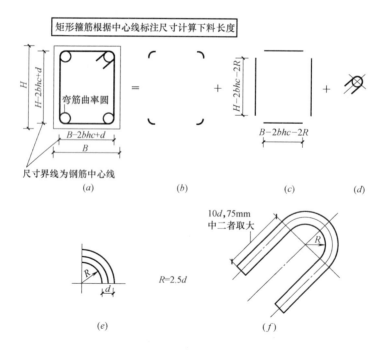

图 2-25　箍筋的线段

在图 2-25 中，图 (e) 是图 (b) 的放大。矩形箍筋按照它的中心线计算下料长度时，是先把图 (a) 分割成图 (b)、图 (c)、图 (d) 三个部分，分别计算中心线，然后，再把它们加起来，就是钢筋下料尺寸。

图 2-25 (b) 部分计算：

$$4(R+d/2)\pi/2=6\pi d$$

图 2-25 (c) 部分计算：

$$2(H-2bhc-2R)+2(B-2bhc-2R)=2H+2B-8bhc-20d$$

图 2-25 (d) 部分计算：

用于 $10d>75\text{mm}$：　　　$(R+d/2)\pi+2\times10d=3\pi d+20d$

用于 $75\text{mm}>10d$：　　　$(R+d/2)\pi+2\times75=3\pi d+150$

箍筋的下料长度：用于 $10d>75\text{mm}$：

$$6\pi d+2H+2B-8bhc-20d+3\pi d+20d=2H+2B-8bhc+28.274d \tag{2-33}$$

用于 $75\text{mm}>10d$：

$$6\pi d+2H+2B-8bhc-20d+3\pi d+150=2H+2B-8bhc+8.274d+150 \tag{2-34}$$

式 (2-33)、式 (2-34) 与式 (2-17)、式 (2-18) 以及式 (2-25)、式 (2-26) 的计算结果都是一样的。这点只说明它们的一致性，重要的是这些公式前面的计算过程。不管哪种方法，我们都是使用前面的计算过程。

2.6.5 计算柱面螺旋线形箍筋的下料尺寸

1. 柱面螺旋形箍筋

图 2-26 为柱面螺旋线形箍筋图。

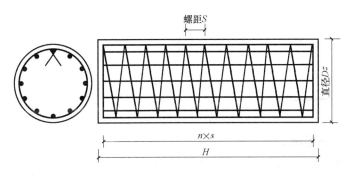

图 2-26　柱面螺旋线形箍筋

图中直径 Dz 是混凝土柱外表面直径尺寸；螺距 s 是柱面螺旋线每旋转一周的位移，也就是相邻螺旋箍筋之间的间距；H 是柱的高度；n 是螺距的数量。

螺旋箍筋的始端与末端，应各有不小于一圈半的端部筋。这里计算时，暂采用一圈半长度，两端均加工有 135° 弯钩，且在钩端各留有直线段。柱面螺旋线展开以后是直线（斜向）；螺旋箍筋的始端与末端，展开以后是上下两条水平线。在计算柱面螺旋线形箍筋时，先分成三个部分来计算：柱顶部（图 2-26 左端）的一圈半箍筋展开长度，即为图

2-27中上部水平段；螺旋线形箍筋展开部分，即为图 2-27 中中部斜线段；最后是柱底部（图2-26右端）的一圈半箍筋展开长度，即为图 2-27 中下部水平段。

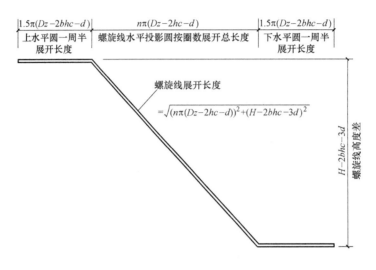

图 2-27 箍筋展开长度

2. 螺旋箍筋计算

上水平圆一周半展开长度计算：

$$上水平圆一周半展开长度 = 1.5\pi(Dz - 2bhc - d)$$

螺旋线展开长度：

$$螺旋线展开长度 = \sqrt{(n\pi(Dz - 2bhc - d))^2 + (H - 2bhc - 3d)^2} \qquad (2-35)$$

下水平圆一周半展开长度计算：

$$下水平圆一周半展开长度 = 1.5\pi(Dz - 2bhc - d) \qquad (2-36)$$

螺旋箍筋展开长度公式：

$$螺旋筋展开长度 = 2 \times 1.5\pi(Dz - 2bhc - d) +$$
$$\sqrt{(n\pi(Dz - 2bhc - d))^2 + (H - 2bhc - 3d)^2} - 2 \times 外皮差值 + 2 \times 钩长 \qquad (2-37)$$

3. 螺旋箍筋的搭接计算

（1）螺旋箍筋的搭接部分，其搭接长度要求≥l_{aE} 且≥300mm；

（2）搭接的弯钩钩端直线段长度要求为 10 倍钢箍筋直径和 75mm 中取较大者。

此外两个搭接的弯钩，必须勾在纵筋上。螺旋箍筋搭接构造如图 2-28 所示。

4. 搭接长度计算公式

参看图 2-29 和图 2-30，计算出每根钢筋搭接长度为：

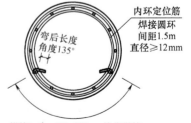

图 2-28 螺旋箍筋搭接构造

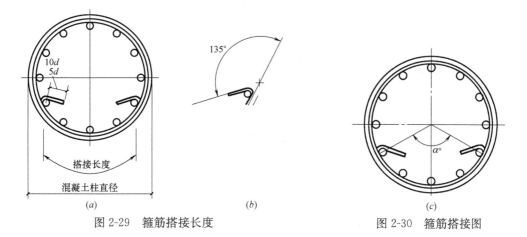

图 2-29 箍筋搭接长度   图 2-30 箍筋搭接图

$$搭接长度=\left(\frac{Dz}{2}-bhc+\frac{d}{2}\right)\times\frac{\alpha^{\circ}}{2}\times\frac{\pi}{180^{\circ}}+\left(R+\frac{d}{2}\right)\times135^{\circ}\times\frac{\pi}{180^{\circ}}+10d \qquad (2-38)$$

式（2-38）的第一项，是指两筋搭接的中点到钩的切点处长度；第二项是 135°弧中心线和钩端直线部分长度。

2.6.6 圆环形封闭箍筋

圆环形封闭箍筋，如图 2-31 所示。可以把图 2-31（a）看作是由两部分组成：一部分是圆箍；另一部分是两个带有直线端的 135°弯钩。这样一来，先求出圆箍的中心线实长，然后再查表找带有直线端的 135°弯钩长度，不要忘记，钩是一双。

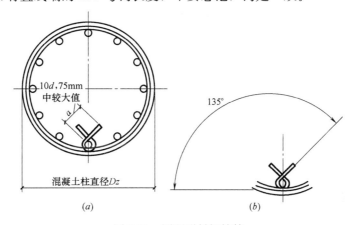

图 2-31 圆环形封闭箍筋

（a）圆环形封闭箍筋示意图；（b）圆环形封闭箍筋中弯钩示意图

设保护层为 bhc；混凝土柱外表面直径为 Dz；箍筋直径为 d；箍筋端部两个弯钩为 135°，都勾在同一根纵筋上；钩末端直线段长度为 a，箍钩弯曲加工半径为 R，135°箍钩的下料长度可从表 2-6 中查到。

$$下料长度=(Dz-2bhc+d)\pi+2\times\left[\left(R+\frac{d}{2}\right)\times135^{\circ}\times\frac{\pi}{180^{\circ}}+a\right] \qquad (2-39)$$

式中　a——从 $10d$ 和 75mm 两者中取最大值。

常用弯钩端部长度表　　　　　　　　　　　　　表 2-6

弯起角度	钢筋弧中心线长度	钩端直线部分长度	合计长度
30°	$\left(R+\dfrac{d}{2}\right)\times 30°\times\dfrac{\pi}{180°}$	$10d$	$(R+d/2)\times 30°\times\pi/180°+10d$
		$5d$	$(R+d/2)\times 30°\times\pi/180°+5d$
		75mm	$(R+d/2)\times 30°\times\pi/180°+75mm$
45°	$\left(R+\dfrac{d}{2}\right)\times 45°\times\dfrac{\pi}{180°}$	$10d$	$(R+d/2)\times 45°\times\pi/180°+10d$
		$5d$	$(R+d/2)\times 45°\times\pi/180°+5d$
		75mm	$(R+d/2)\times 45°\times\pi/180°+75mm$
60°	$\left(R+\dfrac{d}{2}\right)\times 60°\times\dfrac{\pi}{180°}$	$10d$	$(R+d/2)\times 60°\times\pi/180°+10d$
		$5d$	$(R+d/2)\times 60°\times\pi/180°+5d$
		75mm	$(R+d/2)\times 60°\times\pi/180°+75mm$
90°	$\left(R+\dfrac{d}{2}\right)\times 90°\times\dfrac{\pi}{180°}$	$10d$	$(R+d/2)\times 90°\times\pi/180°+10d$
		$5d$	$(R+d/2)\times 90°\times\pi/180°+5d$
		75mm	$(R+d/2)\times 90°\times\pi/180°+75mm$
135°	$\left(R+\dfrac{d}{2}\right)\times 135°\times\dfrac{\pi}{180°}$	$10d$	$(R+d/2)\times 135°\times\pi/180°+10d$
		$5d$	$(R+d/2)\times 135°\times\pi/180°+5d$
		75mm	$(R+d/2)\times 135°\times\pi/180°+75mm$
180°	$\left(R+\dfrac{d}{2}\right)\times\pi$	$10d$	$(R+d/2)\times\pi+10d$
		$5d$	$(R+d/2)\times\pi+5d$
		75mm	$(R+d/2)\times\pi+75mm$
		$3d$	$(R+d/2)\times\pi+3d$

【例 2-7】 已知注有内皮尺寸的箍筋简图，如图 2-32 所示，钢筋直径为 10mm。求其下料尺寸。

【解】

钢筋下料长度为：

$$550+350+696+496-3\times 0.288\times 10=2083mm$$

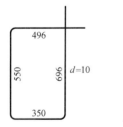

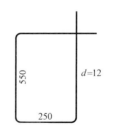

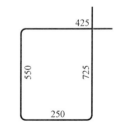

图 2-32　有内皮尺寸的箍筋　　　图 2-33　注有内皮尺寸 L_1 和　　　图 2-34　箍筋计算结果
　　　　　　　　　　　　　　　　　　L_2 的箍筋简图

【例 2-8】 已知注有内皮尺寸 L_1 和 L_2 的箍筋简图，如图 2-33 所示，钢筋直径为 12mm。补注 L_3 和 L_4，并求出其下料尺寸。

【解】

补注 L_3 和 L_4 时，需要查表 2-7。当 $d=12\text{mm}$ 时，L_3 和 L_4 比 L_1 和 L_2 增多的值为 175mm，则：

$$L_3=550+175=725\text{mm}$$
$$L_4=250+175=425\text{mm}$$

计算结果见图 2-34。

未弯钩箍筋简图中，当 $R=2.5d$ 时，L_3、L_4 比 L_1、L_2 各自增多的值内皮尺寸标注法用

表 2-7

$d(\text{mm})$	L_3 比 L_1 L_4 比 L_2 增多的公式部分	L_3 比 L_1 L_4 比 L_2 增多的值(mm)
6	$-R+(R+d/2)3\pi/4+75$	102
6.5		105
8	$-R+(R+d/2)3\pi/4+10d$	117
10		146
12		175

2.7 拉筋

2.7.1 拉筋的样式及其计算

1. 拉筋的作用与样式

（1）作用：固定纵向钢筋，防止位移用。

（2）样式：拉筋的端钩有 90°、135° 和 180° 三种，如图 2-35 所示。

（3）拉筋两弯钩≤90°时，标注外皮尺寸，这时可按外皮尺寸的"和"，减去"外皮差值"来计算下料长度。也可按计算弧线展开长度计算下料长度。

（4）拉筋两端弯钩>90°时，除了标注外皮尺寸，还要在拉筋两端弯钩处（上方）标注下料长度剩余部分。

2. 两端为 90° 弯钩的拉筋计算

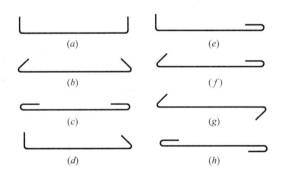

图 2-35　拉筋端钩的构造

图 2-36 是两端为 90°弯钩的拉筋尺寸分析图。其中 BC 直线是施工图给出的。图 2-36 对拉筋的各个部位计算，作了详细的剖析。它的计算方法不唯一，但对拉筋图来说，还是要按照图 2-37 的尺寸标注方法注写。

表 2-8、表 2-9 是下料长度计算。

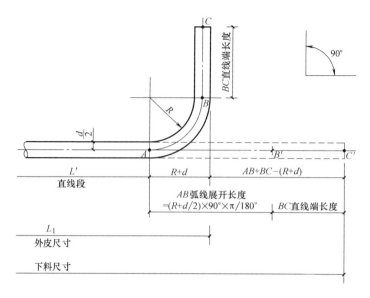

图 2-36　对拉筋的各个部位的剖析

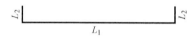

图 2-37　尺寸标注

双 90°弯钩"外皮尺寸法"与"中心线法"计算对比　　　　　　　　表 2-8

"外皮尺寸法"	"中心线法"
$L_1+2L_2-2\times2.288d=L_1+2L_2-4.576d$	$L_1-2(R+d)+2L_2-2(R+d)+2(R+0.5d)0.5\pi$ $=L_1-7d+2L_2-7d+3d\pi$ $=L_1+2L_2-4.576d$

双 90°弯钩"内皮尺寸法"计算　　　　　　　　表 2-9

设：$R=2.5d$；$L_1{}'=L_1-2d_1$；$L_2{}'=L_2-d$
$L_1{}'+2L_2{}'-2\times0.288d$ $=L_1-2d+2(L_2-d)-2\times0.288d$ $=L_1+2L_2-4d-0.576d$ $=L_1+2L_2-4.576d$

　　表 2-8 中的 $R=2.5d$；$2.288d$ 为差值。

　　通常不用中心线法，而是用外皮尺寸法。两端为 90°弯钩的拉筋也有可能是标注内皮尺寸，见图 2-38 和表 2-9。

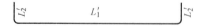

图 2-38　两端为 90°弯钩的内皮尺寸标注

计算结果，与前两种方法一致。

3. 两端为135°弯钩的拉筋计算

目前常用的一种样式就是135°弯钩的拉筋（图2-39），其算法如下。

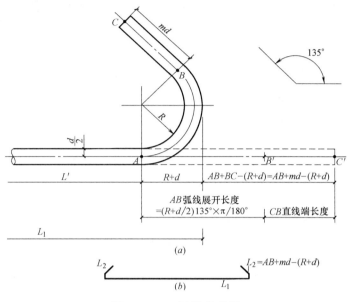

图 2-39　135°弯钩的拉筋

参看图2-39（a），AB弧线展开长度是AB'。BC是钩端的直线部分。从A点起弯起，向上一直到直线上端C点。展开以后，就是AC'线段。L'是钢筋的水平部分；$R+d$是钢筋弯曲部分外皮的水平投影长度。图2-39（b）是施工图上简图尺寸法注。钢筋两端弯曲加工后，外皮间尺寸就是L_1。两端以外剩余的长度$AB+BC-(R+d)$就是L_2。

钢筋弯曲加工后的外皮的水平投影长度L_1为：

$$L_1 = L' + 2(R+d) \tag{2-40}$$

$$L_2 = AB + BC - (R+d) \tag{2-41}$$

图2-40中，是补充了内皮尺寸的位置和平法框架图中钩端直线段规定长度。拉筋的

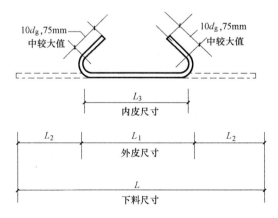

图 2-40　钩端直线段规定长度

尺寸标注仍按图 2-39（b）表示。

因为外皮尺寸的确定（AB、BC、CD、DE、EF）比较麻烦。请看图 2-41，BC 段或 DE 段，都是由两种尺寸加起来，而且其中还要计算三角正切值。所以，图 2-39 只是说明外皮尺寸差值的理论出处。

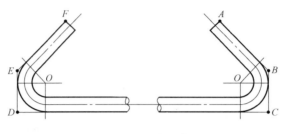

图 2-41　两种尺寸

4. 两端为 180°弯钩的拉筋计算

图 2-42 表示两端为 180°弯钩的拉筋在加工前与加工后的形状。也可以认为，是把弯完的钢筋，展开为下料长度的样子。

这里再说一下内皮尺寸 L_3：（1）如果拉筋直接拉在纵向受力钢筋上，它的内皮尺寸就等于截面尺寸减去两个保护层的大小；（2）如果拉筋既拉住纵向受力钢筋，而同时又拉住箍筋时，这时还要再加上两倍箍筋直径的尺寸。

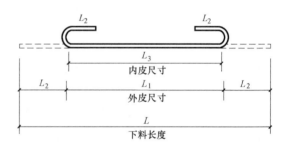

图 2-42　两端为 180°弯钩的拉筋加工前与加工后的形状

【例 2-9】　按外皮尺寸法，计算两端为 180°弯钩的钢筋的 L_2 值（参看图 2-42、图2-43）：设钢筋直径为 d；$R = 2.5d$；钩端直线部分为 $3d$。

问 L_2 值等于多少?

【解】

$$L_2 = 4(R+d)+3d-(R+d)-2\times2.288d$$
$$= 3(R+d)+3d-4.576d$$
$$= 3(3.5d)+3d-4.576d$$
$$\approx 8.924d$$

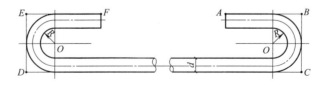

图 2-43　两端为 180°弯钩的拉筋

5. 一端钩≤90°，另一端钩＞90°的拉筋计算

如图 2-35（d）、(e) 所示，就是"拉筋一端钩≤90°，另一端钩＞90°"类型的。而在图 2-44 中，L_1、L_2 属于外皮尺寸；L_3 属于展开尺寸。有外皮尺寸与外皮尺寸的夹角，外皮差值就用得着了。图 2-35 (b)、(c)、(f)、(g)、(h) 两端弯钩处，均须标注展开尺寸。

图 2-44 外皮尺寸

2.7.2 拉筋端钩形状的变换

1. 两端 135°钩，预加工变换为 90°钩

钢箍的绑扎工作状态为两端 135°钩，而在钢筋的绑扎前，要求预加工两端为 90°钩。也就是说，下料的长度不变。参看图 2-39，L_2 标注的是展开长度。而此时要求把钢筋沿外皮弯起 90°钩。此时，弯起的高度为（图 2-45）：

$$L_2' = (R+d)+(R+d/2)\times 45°\times\pi/180°+md$$

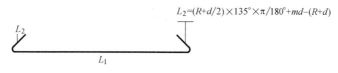

图 2-45 弯起的高度

当 $R=2.5d$ 时

$$\begin{aligned}
L_2 &= (R+d/2)\times 135°\times\pi/180°+md-(R+d)\\
&= 3d\times 135°\times\pi/180°+md-3.5d\\
&= 7.068d+md-3.5d\\
&= 3.568d+md\\
L_2' &= (R+d)+(R+d/2)\times 45°\times\pi/180°+md\\
&= 3.5d+3d\times 45°\times\pi/180°+md\\
&= 3.5d+2.356d+md\\
&= 5.856d+md
\end{aligned}$$

验算：

两端 135°钩的下料长度部分为：

$$\begin{aligned}
L_1+2L_2 &= L_1+2\times(3.568d+md)\\
&= L_1+7.136d+2md
\end{aligned}$$

预加工为两端 90°钩的下料长度部分为：

$$\begin{aligned}
L_1+2L_2' &= L_1+2\times(5.856d+md)-2\times 2.288d\\
&= L_1+11.712d+2md-4.576d\\
&= L_1+7.136d+2md
\end{aligned}$$

验算结果一致。

现在可以这样说，按 135°绑扎的端钩，预制为 90°的端钩，可按图 2-46 注写：

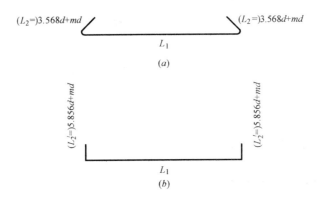

图 2-46　按 135°绑扎的端钩预制为 90°的端钩注写

拉筋端钩由 135°预制成 90°时 L_2 改注成 L_2' 的数据表　　　　　　　　表 2-10

d(mm)	md(mm)		$L_2=3.568d+md$(mm)	$L_2'=5.856d+md$(mm)
6	$5d$	30	51	65
	$10d$	60	81	95
		75	96	110
6.5	$5d$	32.5	56	71
	$10d$	65	88	103
		75	98	113
8	$5d$	40	69	87
	$10d$	80	109	127
		75	104	122
10	$5d$	50	86	109
	$10d$	100	136	159
		75	111	134
12	$5d$	60	103	130
	$10d$	120	163	190
		75	118	145

【例 2-10】 已知具有双端为 135°的拉筋（图 2-47）：

$d=6$mm；

$md=5d=30$mm；

$L_1=362$mm；

$L_2=51$mm；

下料长度$=L_1+2L_2=464$mm。

图 2-47　双端为 135°的拉筋

求具有双端为135°的拉筋中的一个钩预加工为90°，请利用表2-10查找数据，画出钢筋，注出 L_2'，并计算下料长度以资验算。

【解】

查表2-10知，L_2' 为65；并且其下料长度

$$362+51+65-2.288\times6=464.272\text{mm}$$

验算答案正确，见图2-48。

图 2-48 计算结果图   图 2-49 L_2 标注的展开长度

2. 两端180°钩，预加工变换为90°钩

钢筋的绑扎工作状态为两端180°钩，而在钢筋的绑扎前，要求预加工两端为90°钩。也就是说，下料的长度不变。参看图2-49，L_2 标注的是展开长度。而此时要求把钢筋沿外皮弯起90°钩，这时弯起的高度为：

$$L_2'=(R+d)+(R+d/2)\times90°\times\pi/180°+md$$

当 $R=2.5d$ 时

$$\begin{aligned}L_2&=(R+d/2)\pi+md-(R+d)\\&=3d\times\pi+md-3.5d\\&=9.42d+md-3.5d\\&=5.924d+md\end{aligned}$$

$$\begin{aligned}L_2'&=(R+d)+(R+d/2)\times90°\times\pi/180°+md\\&=3.5d+3d\times90°\times\pi/180°+md\\&=3.5d+4.712d+md\\&=8.212d+md\end{aligned}$$

验算：

两端180°钩的下料长度为：

$$\begin{aligned}L_1+2L_2&=L_1+2\times(5.924d+md)\\&=L_1+11.848d+2md\end{aligned}$$

预加工为两端90°钩的下料长度为：

$$\begin{aligned}L_1+2L_2'&=L_1+2\times(8.212d+md)-2\times2.288d\\&=L_1+16.424d+2md-4.576d\\&=L_1+11.848d+2md\end{aligned}$$

验算结果一致。

现在可以这样说，按135°绑扎的端钩，预制为90°的端钩，可按图2-50注写：

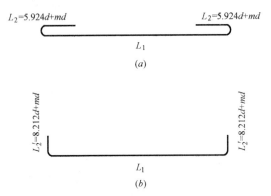

图 2-50 按 135°绑扎的端钩预制为 90°的端钩注写

(a) 135°端钩拉筋; (b) 90°端钩拉筋

拉筋端钩由 180°预制成 90°时 L_2 改注成 L_2' 的数据表 　　　　　　　　表 2-11

d(mm)	md(mm)		$L_2=5.924d+md$(mm)	$L_2'=8.212d+md$(mm)
6	5d	30	66	79
	10d	60	96	109
		75	111	124
6.5	5d	32.5	71	86
	10d	65	104	119
		75	114	129
8	5d	40	87	106
	10d	80	127	146
		75	122	141
10	5d	50	109	132
	10d	100	159	182
		75	134	157
12	5d	60	131	159
	10d	120	191	219
		75	146	174

表 2-11 中, L_2' 只不过比 L_2 多了 2.288d 而已 (d 为变量)。

【例 2-11】 已知具有双端为 180°的拉筋:

$d=6$mm;

$md=5d=30$mm;

$L_1=362$mm;

$L_2=66$mm;

下料长度$=L_1+2L_2=494$mm。

简图如图 2-51 所示。

图 2-51 双端为 180°的拉筋

求具有双端为180°的拉筋中的一个钩预加工为90°，请利用表2-11查找数据，画出拉筋，注出L_2'，并计算下料长度以资验算。

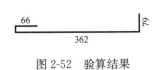

图 2-52　验算结果

【解】

查表 2-11 知，L_2' 为 79mm；并且其下料长度

$$362+66+79-2.288\times6=493.272\text{mm}$$

验算答案如图 2-52 所示，基本正确。

3. 两端端钩反向的拉筋

前面讲过的拉筋，它的端钩均位于同一侧。位于同一侧的拉筋，受拉时是偏心受拉。如果两端端钩是反向的，则力是通过拉筋的重心，受力状态理想，如图 2-53 所示。

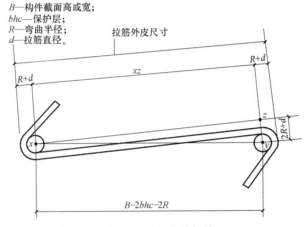

图 2-53　两端端钩反向的拉筋

xy 平行于构件截面的底边；xz 平行于拉筋的箍身；yz 垂直于 xz。yzx 是直角，称 xz 为底边，称 yz 为对边，称 xy 为斜边。xy 虽然叫做斜边，但是，它是平行于构件截面的底边的。因此它是可以计算出来的，等于 $B-2bhc+5d$。对边也是可以计算出来的，等于 $2R+d$。这样一来，就可以用勾股弦法计算了。

$$xz^2+yz^2=xy^2$$

$$yz=2R+d$$

$$xy=B-2bhc-2R$$

$$xz^2+(2R+d)^2=(B-2bhc-2R)^2$$

$$xz=\sqrt{(B-2bhc-2R)^2-(2R+d)^2}$$

拉筋外皮尺寸　平行于 xz

$$拉筋外皮尺寸=xz+2R+2d$$

$$\boxed{拉筋外皮尺寸\ L_1=\sqrt{(B-2bhc-2R)^2-(2R+d)^2}+2R+2d} \tag{2-42}$$

【例 2-12】 设有梁 $B=400\text{mm}$，

$$bhc=25\text{mm}$$

$$d=6\text{mm}$$

$$R=2.5d。$$

求具有两端135°钩，而方向相反的拉筋外皮尺寸和 L_1。

【解】

$$拉筋外皮尺寸 L_1 = \sqrt{(400-50-30)^2-(30+6)^2}+30+12$$
$$=360mm$$

从计算结果来看，端钩方向相反的拉筋外皮尺寸 L_1 反而比端钩方向相同的拉筋外皮尺寸 L_1 节省 2mm，而且受力状态又理想。

请注意，并不是所有端钩方向相反的拉筋外皮尺寸 L_1，比端钩方向相同的拉筋外皮尺寸 L_1 都节省 2mm。记住，端钩方向相反的拉筋外皮尺寸 L_1 是多元函数，它随保护层、钢筋加工弯曲半径、拉筋直径和沿拉筋长度方向的截面尺寸 B 四个变量的变换而变化。

现在，做些数据表格，每张表格中，把拉筋直径 d 和构件宽度 B 固定为常量，以便于查看计算。见表 2-12～表 2-22。

同向、异向双钩拉筋的外皮尺寸 L_1 比较表（mm）　　　　表 2-12

限于 $B=150mm$；$R=2.5d$ 使用

d	bhc	端钩同向 $L_1=B-2bhc+2d$	端钩异向 $L_1=\sqrt{(B-2bhc-2R)^2-(2R+d)^2}+2R+2d$
6	25	112	102
	30	102	90
6.5	25	113	101
	30	103	88
8	25	116	93
	30	106	72
10	25	—	—
	30	—	—
12	25	—	—
	30	—	—

同向、异向双钩拉筋的外皮尺寸 L_1 比较表（mm）　　　　表 2-13

限于 $B=180mm$；$R=2.5d$ 使用

d	bhc	端钩同向 $L_1=B-2bhc+2d$	端钩异向 $L_1=\sqrt{(B-2bhc-2R)^2-(2R+d)^2}+2R+2d$
6	25	142	135
	30	132	125
6.5	25	143	135
	30	133	124

d	bhc	端钩同向 $L_1 = B - 2bhc + 2d$	端钩异向 $L_1 = \sqrt{(B - 2bhc - 2R)^2 - (2R + d)^2} + 2R + 2d$
8	25	146	132
	30	136	120
10	25	150	123
	30	140	106
12	25	—	—
	30	—	—

同向、异向双钩拉筋的外皮尺寸 L_1 比较表（mm）　　　表 2-14

限于 $B = 200$mm，$R = 2.5d$ 使用

d	bhc	端钩同向 $L_1 = B - 2bhc + 2d$	端钩异向 $L_1 = \sqrt{(B - 2bhc - 2R)^2 - (2R + d)^2} + 2R + 2d$
6	25	162	157
	30	152	146
6.5	25	163	156
	30	153	146
8	25	166	155
	30	156	144
10	25	170	150
	30	160	137
12	25	174	138
	30	164	119

同向、异向双钩拉筋的外皮尺寸 L_1 比较表（mm）　　　表 2-15

限于 $B = 250$mm，$R = 2.5d$ 使用

d	bhc	端钩同向 $L_1 = B - 2bhc + 2d$	端钩异向 $L_1 = \sqrt{(B - 2bhc - 2R)^2 - (2R + d)^2} + 2R + 2d$
6	25	212	208
	30	202	198
6.5	25	213	208
	30	203	198
8	25	216	209
	30	206	198
10	25	220	207
	30	210	197
12	25	224	204
	30	214	192

同向、异向双钩拉筋的外皮尺寸 L_1 比较表（mm） 表 2-16

限于 $B=300\text{mm}$，$R=2.5d$ 使用

d	bhc	端钩同向	端钩异向
		$L_1=B-2bhc+2d$	$L_1=\sqrt{(B-2bhc-2R)^2-(2R+d)^2}+2R+2d$
6	25	262	259
	30	252	249
6.5	25	263	260
	30	253	249
8	25	266	260
	30	256	250
10	25	270	261
	30	260	250
12	25	274	260
	30	264	249

同向、异向双钩拉筋的外皮尺寸 L_1 比较表（mm） 表 2-17

限于 $B=350\text{mm}$，$R=2.5d$ 使用

d	bhc	端钩同向	端钩异向
		$L_1=B-2bhc+2d$	$L_1=\sqrt{(B-2bhc-2R)^2-(2R+d)^2}+2R+2d$
6	25	312	310
	30	302	300
6.5	25	313	310
	30	303	300
8	25	316	312
	30	306	301
10	25	320	313
	30	310	302
12	25	324	313
	30	314	302

同向、异向双钩拉筋的外皮尺寸 L_1 比较表（mm） 表 2-18

限于 $B=400\text{mm}$，$R=2.5d$ 使用

d	bhc	端钩同向	端钩异向
		$L_1=B-2bhc+2d$	$L_1=\sqrt{(B-2bhc-2R)^2-(2R+d)^2}+2R+2d$
6	25	362	360
	30	352	350
6.5	25	363	361
	30	353	351

d	bhc	端钩同向 $L_1=B-2bhc+2d$	端钩异向 $L_1=\sqrt{(B-2bhc-2R)^2-(2R+d)^2}+2R+2d$
8	25	366	362
	30	356	352
10	25	370	364
	30	360	354
12	25	374	365
	30	364	355

同向、异向双钩拉筋的外皮尺寸 L_1 比较表（mm） 表 2-19

限于 $B=450\text{mm}$，$R=2.5d$ 使用

d	bhc	端钩同向 $L_1=B-2bhc+2d$	端钩异向 $L_1=\sqrt{(B-2bhc-2R)^2-(2R+d)^2}+2R+2d$
6	25	412	410
	30	402	400
6.5	25	413	411
	30	403	401
8	25	416	413
	30	406	403
10	25	420	415
	30	410	405
12	25	424	416
	30	414	406

同向、异向双钩拉筋的外皮尺寸 L_1 比较表（mm） 表 2-20

限于 $B=500\text{mm}$，$R=2.5d$ 使用

d	bhc	端钩同向 $L_1=B-2bhc+2d$	端钩异向 $L_1=\sqrt{(B-2bhc-2R)^2-(2R+d)^2}+2R+2d$
6	25	462	461
	30	452	450
6.5	25	463	461
	30	453	451
8	25	466	463
	30	456	453
10	25	470	466
	30	460	455
12	25	474	467
	30	464	457

同向、异向双钩拉筋的外皮尺寸 L_1 比较表（mm）　　　　表 2-21

限于 $B=550\text{mm}$，$R=2.5d$ 使用

d	bhc	端钩同向 $L_1=B-2bhc+2d$	端钩异向 $L_1=\sqrt{(B-2bhc-2R)^2-(2R+d)^2}+2R+2d$
6	25	512	511
	30	502	501
6.5	25	513	511
	30	503	501
8	25	516	514
	30	506	503
10	25	520	516
	30	510	506
12	25	524	518
	30	514	508

同向、异向双钩拉筋的外皮尺寸 L_1 比较表（mm）　　　　表 2-22

限于 $B=600\text{mm}$，$R=2.5d$ 使用

d	bhc	端钩同向 $L_1=B-2bhc+2d$	端钩异向 $L_1=\sqrt{(B-2bhc-2R)^2-(2R+d)^2}+2R+2d$
6	25	562	561
	30	552	551
6.5	25	563	561
	30	553	552
8	25	566	564
	30	556	554
10	25	570	566
	30	560	556
12	25	574	569
	30	564	559

请特别注意，当钢筋弯曲半径（$R=2.5d$）＜纵向受力钢筋的直径时，应该用纵向受力钢筋的直径取代（$R=2.5d$），另行计算。

再比如，具有异向钩的拉筋，绑扎后的样子和尺寸，如图 2-54（a）所示。

该拉筋预加工成 $90°$（图 2-54b）。图中 $L_2'=L_2+$外皮差值。外皮差值见表 2-3。

4. 同时勾住纵向受力钢筋和箍筋的拉筋

在梁、柱构件中经常遇到拉筋同时勾住纵向受力钢筋和箍筋，如图 2-55 所示。这种

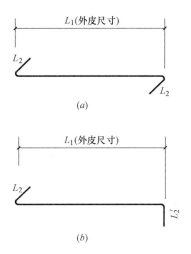

图 2-54　异向钩的拉筋绑扎后的样子和尺寸

钢箍的外皮长度尺寸，比只勾住纵向受力钢筋的拉筋，长两个箍筋直径。如果是具有异向钩的拉筋，可以采用表 2-12～表 2-22 中的数据计算。

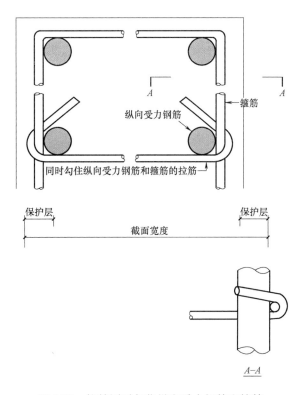

图 2-55　拉筋同时勾住纵向受力钢筋和箍筋

从式（2-43）根号中的因子分析可以看出，外皮尺寸 L_1 存在定义域，截面宽度是有限度的。

习　题

1. 试计算钢筋的下料长度。看下面钢筋材料明细表。已知钢筋属于非框架结构,用 HRB335 级主筋制作,其标注尺寸为外皮尺寸。

钢筋编号	简　图	规格 d	数量/根
①	400 ⌐—— 8000 ——⌐ 400	$\phi 25$	3

2. 试分别用外皮法和中心线法分别计算 HRB400 级钢筋的弯钩长度。已知钢筋直径 $d=15\text{mm}$,$R=2.5d$,弯曲角度为 180°弯钩。

第3章 楼板钢筋下料

3.1 楼板相关构造类型与表示方法

（1）楼板相关构造的平法施工图设计，系在板平法施工图上采用直接引注方式表达。
（2）楼板相关构造编号按表3-1的规定。

楼板相关构造类型与编号 表3-1

构造类型	代号	序号	说　　　明
纵筋加强带	JQD	××	以单向加强纵筋取代原位置配筋
后浇带	HJD	××	有不同的留筋方式
柱帽	ZMX	××	适用于无梁楼盖
局部升降板	SJB	××	板厚及配筋与所在板相同；构造升降高度≤300mm
板加腋	JY	××	腋高与腋宽可选注
板开洞	BD	××	最大边长或直径<1000mm；加强筋长度有全跨贯通和自洞边锚固两种
板翻边	FB	××	翻边高度≤300mm
角部加强筋	Crs	××	以上部双向非贯通加强钢筋取代原位置的非贯通配筋
悬挑板阴角附加筋	Cis	××	极悬挑阴角上部斜向附加钢筋
悬挑板阳角放射筋	Ces	××	板悬挑阳角上部放射筋
抗冲切箍筋	Rh	××	通常用于无柱帽无梁楼盖的柱顶
抗冲切弯起筋	Rb	××	通常用于无柱帽无梁楼盖的柱顶

3.2 板上部贯通纵筋的计算

板上部贯通纵筋的配筋横跨一个整跨或几个整跨；两端伸至支座梁（墙）外侧纵筋的内侧，弯锚长度为 l_{aE}。

3.2.1 端支座为梁时板上部贯通纵筋的计算

1. 板上部贯通纵筋的长度计算

板上部贯通纵筋两端伸至梁外侧角筋的内侧，弯锚长度为 l_{aE}。具体计算方法是：
（1）先计算直锚长度。

$$直锚长度＝梁截面宽度－保护层－梁角筋直径$$

（2）再计算弯钩长度。

$$弯钩长度＝l_{aE}－直锚长度$$

以单块板上部贯通纵筋的计算为例：

$$板上部贯通纵筋的直段长度＝净跨长度＋两端的直锚长度$$

2. 板上部贯通纵筋的根数计算

第一根贯通纵筋在距梁角筋中心 1/2 板筋间距处开始设置，且不大于 75mm 处开始设置。假设基础两边直径为 25mm，混凝土保护层厚为 25mm，则梁角筋中心到混凝土内侧的距离 $a＝(25/2＋25)＝37.5mm$。这样板上部贯通纵筋的布筋范围为净跨长度＋$a×2$。

在这个范围内除以钢筋的间距，得到的"间隔格数"就是钢筋的根数，因为在施工中，常把钢筋放在每个"间隔"的中央位置。

【例 3-1】 如图 3-1 所示，板 LB1 的集中标注为 LB 1，$h＝100mm$，B：X&Yϕ8@150，T：X&Yϕ8@150。则板 LB1 尺寸为 7200mm × 6900mm，X 方向的梁宽度为 300mm，Y 方向的梁宽度为 250mm，均为正中轴线。X 方向的 KL1 上部纵筋直径为 25mm，Y 方向的 KL5 上部纵筋直径为 22mm。混凝土强度等级 C40，二级抗震等级。试计算板 LB$_1$ 的钢筋下料长度。

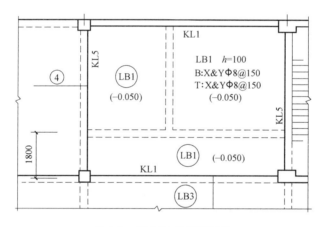

图 3-1 板 LB1 的钢筋标注

【解】 （1）计算 LB1 板 X 方向的上部贯通纵筋的长度

① 支座直锚长度＝梁宽－保护层－梁角筋直径＝$(250－25－22)mm＝203mm$

② 弯钩长度＝l_{aE}－直锚长度＝$29d－203＝(29×8－203)mm＝29mm$

（说明：弯钩长度＝29mm 在施工中是难以做到的，在实际操作中可适当加大）

③ 上部贯通纵筋的直段长度＝净跨长度＋两端长度

$$＝(7200－250)mm＋203mm×2＝7356mm$$

（2）计算 LB1 板 X 方向的上部贯通纵筋的根数

梁 KL1 角筋中心到混凝土内侧的距离 $a＝(25/2＋25)mm＝37.5mm$。

板上部贯通纵筋的布筋范围＝净跨长度＋37.5×2＝$(6900－300)mm＋37.5mm×2＝6675mm$

X 方向的上部贯通纵筋的根数＝6675/150＝45 根

（3）计算 LB1 板 Y 方向的上部贯通纵筋的长度

① 支座直锚长度＝梁宽－保护层－梁角筋直径＝（300－25－25）mm＝250mm

② 弯钩长度＝l_{aE}－直锚长度＝29d－250＝29×8mm－250mm＝－18mm

（注意：弯钩长度等于负数，说明这种计算是错误的，即此钢筋不应有弯钩）

因为，在①中计算支座长度＝250mm＞l_a（29×8mm＝232mm），所以，这根上部贯通纵筋在支座的直锚长度取为232mm，不设弯钩。

③ 上部贯通纵筋的直段长度＝净跨长度＋两端的直锚长度

$$＝（6900－300）mm＋232×2mm＝7064mm$$

（4）计算 LB1 板 Y 方向的上部贯通纵筋的根数

梁 KL5 角筋中心到混凝土内侧的距离 a＝（22/2＋25）mm＝36mm

板上部贯通纵筋的布筋范围＝净跨长度＋36×2＝（7200－250）mm＋36mm×2＝7022mm

Y 方向的上部贯通纵筋的根数＝7022/150＝47 根

3.2.2 端支座为剪力墙时板上部贯通纵筋的计算

1. 板上部贯通纵筋的长度计算

板上部贯通纵筋两端伸至剪力墙外侧水平分布筋的内侧，弯锚长度为 l_{aE}。具体的计算方法为：

（1）先计算直锚长度

$$直锚长度＝墙厚度－保护层＝墙身水平分布筋直径$$

（2）再计算弯钩长度

$$弯钩长度＝l_{aE}－直锚长度$$

以单块板上部贯通纵筋的计算为例：

板上部贯通纵筋的直段长度＝净跨长度＋两端的直锚长度

2. 板上部贯通纵筋的根数计算

第一根贯通纵筋在距墙身水平分布筋中心为 1/2 板筋间距处开始设置。假设墙身水平分布筋直径为12mm，混凝土保护层厚为15mm，则墙身水平分布筋中心到混凝土内侧的距离 a＝（12/2＋15）mm＝21mm。此时，板上部贯通纵筋的布筋范围为净跨长度＋a×2。

在这个范围内除以钢筋的间距，得到的"间隔个数"就是钢筋的根数，因为在施工中，常把钢筋放在每个"间隔"的中央位置。

【例3-2】 如图 3-2 所示，板 LB1 的集中标注为 LB1，h＝100mm，B：X&Yφ8@150，T：X&Yφ8@150。板 LB1 尺寸为 3600mm×6900mm，板左边的支座为框架梁 KL5（250mm×700mm），板的其余三边均为剪力墙结构（厚度为300mm），板中有一道非框架

梁 L1 (250mm×450mm) 混凝土强度等级为 C40，二级抗震等级。墙身水平分布筋直径为 12mm，KL5 上部纵筋直径为 22mm。试计算板 LB1 的钢筋下料长度。

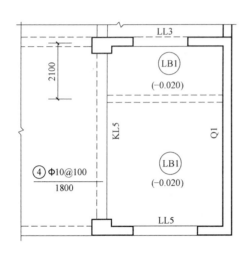

图 3-2　板 LB1 的集中标注

【解】（1）计算 LB1 板 X 方向的上部贯通纵筋的长度

① 由于左支座为框架梁、右支座为剪力墙，所以两个支座锚固长度应分别计算

左支座直锚长度＝梁宽－保护层－梁角筋直径＝（250－25－22）mm＝203mm

右支座直锚长度＝墙厚度－保护层－墙身水平分布筋直径＝（300－15－12）mm＝273mm

② 由于在①中计算出来的右支座长度为 273mm，已经大于 l_{aE}（29×8mm＝232mm），因此，这根上部贯通纵筋在右支座的直锚长度取为 232mm，不设弯钩。

左支座弯钩长度＝l_{aE}－直锚长度＝29d－203＝29×8mm－203mm＝29mm

③ 上部贯通纵筋的直段长度＝净跨长度＋两端的直锚长度

$$＝(3600-125-150)mm＋203mm＋232mm＝3760mm$$

（2）计算 LB1 板 X 方向的上部贯通纵筋的根数

板上部贯通纵筋的布筋范围＝净跨长度＋21×2＝（6900－300）mm＋21mm×2＝6642mm

X 方向的上部贯通纵筋的根数＝6642/150＝45 根

（3）计算 LB1 板 Y 方向的上部贯通纵筋的长度

① 左、右支座均为剪力墙，则

支座直锚长度＝墙厚度－保护层－墙身水平分布筋直径＝（300－15－12）mm＝273mm

② 由于在①中计算出来的右支座长度为 273mm，已经大于 l_{aE}（29×8mm＝232mm），因此，这根上部贯通纵筋在右支座的直锚长度取为 232mm，不设弯钩。

③ 上部贯通纵筋的直段长度＝净跨长度＋两端的直锚长度＝（6900－150－150）mm＋232mm×2＝7064mm

（4）计算 LB1 板 Y 方向的上部贯通纵筋的根数

板上部贯通纵筋的布筋范围＝净跨长度＋36＋21＝（3600－125－150）mm＋36mm＋21mm＝3382mm

Y 方向的上部贯通纵筋的根数＝3382/150＝23 根

3.3 板下部贯通纵筋计算

3.3.1 端支座为梁时板下部贯通纵筋的计算

1. 板底贯通纵筋的长度计算

具体的计算方法如下。

（1）选定直锚长度＝梁宽/2。

（2）验算选定的直锚长度是否≥5d。若满足"直锚长度≥5d"，则没有问题；若不满足"直锚长度≥5d"，则取定 5d 为直锚长度。在实际工程中，1/2 梁厚一般都能够满足"≥5d"的要求。

以单块板底贯通纵筋的计算为例：

$$板底贯通纵筋的直段长度＝净跨长度＋两端的直锚长度 \tag{3-1}$$

2. 板底贯通纵筋的根数计算

计算方法和板顶贯通纵筋根数算法是一致的。

第一根贯通纵筋在距梁边 1/2 板筋间距处开始设置。假设梁角筋直径为 25mm，混凝土保护层厚为 25mm，则：

$$梁角筋中心到混凝土内侧的距离 a＝25/2＋25＝37.5(mm)$$

这样，板顶贯通纵筋的布筋范围＝净跨长度＋2a。

在这个范围内除以钢筋的间距，得到的"间隔个数"就是钢筋的根数，因为在施工中，常把钢筋放在每个"间隔"的中央位置。

【例 3-3】 如图 3-3 所示，板 LB1 的集中标注为 LB1，h＝100mm，B：X&Yϕ8@150，T：X&Yϕ8@150。

板 LB1 的尺寸为 7200mm×6900mm，X 方向的梁宽度为 300mm，Y 方向的梁宽度为 250mm，均为正中轴线，混凝土强度等级为 C25，二级抗震等级。试计算该板的钢筋下料

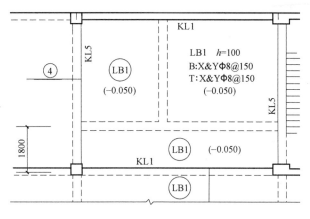

图 3-3 板 LB1 的集中标注

长度。

【解】 (1) 计算 LB1 板 X 方向的下部贯通纵筋的长度

① 直锚长度＝梁宽/2＝250/2mm＝125mm

② 验算：$5d=5 \times 8mm=40mm$，显然，直锚长度＝125mm＞40mm，满足要求。

③ 上部贯通纵筋的直段长度＝净跨长度＋两端的直锚长度

$$=(7200-250)mm+125mm \times 2=7200mm$$

(2) 计算 LB1 板 X 方向的下部贯通纵筋的根数

(注：梁 KL1 角筋中心到混凝土内侧的距离 $a=(25/2+25)mm=37.5mm$

板下部贯通纵筋的布筋范围＝净跨长度＋37.5×2＝(6900－300)mm＋37.5mm×2＝6675mm

X 方向的下部贯通纵筋的根数＝6675/150＝45 根

(3) 计算 LB1 板 Y 方向的上部贯通纵筋的长度

$$直锚长度＝梁宽/2＝300mm/2＝150mm$$

上部贯通纵筋的直段长度＝净跨长度＋两端的直锚长度

$$=(6900-300)mm+150mm \times 2=6900mm$$

(4) 计算 LB1 板 Y 方向的下部贯通纵筋的根数

(注：梁 KL5 角筋中心到混凝土内侧的距离 $a=(22/2+25)mm=36mm$

板下部贯通纵筋的布筋范围＝净跨长度＋36×2＝(7200－250)mm＋36mm×2＝7022mm

Y 方向的下部贯通纵筋的根数＝7022/150＝47 根

3.3.2 端支座为剪力墙时板下部贯通纵筋的计算

1. 板底贯通纵筋的长度计算

具体的计算方法如下：

(1) 先选定直锚长度＝墙厚/2

(2) 验算选定的直锚长度是否≥5d。若满足"直锚长度是否≥5d"，没有问题；若不满足"直锚长度是否≥5d"，则取定 5d 为直锚长度。在实际工程中，1/2 梁厚一般都能够满足"≥5d"的要求。

以单块板底贯通纵筋的计算为例：

$$板底贯通纵筋的直段长度＝净跨长度＋两端的直锚长度 \tag{3-2}$$

2. 板底贯通纵筋的根数计算

计算方法和板顶贯通纵筋根数算法是一致的。

【例 3-4】 如图 3-4 所示，板 LB1 的集中标注为 LB 1，$h=100mm$，B：X&Yϕ8@150，T：X&Yϕ8@150。其尺寸为 3600mm×6900mm，板左边⑥轴线上的支座为框架梁 KL5 (250mm×700mm)，板的其余三边均为剪力墙结构 (厚度为 300mm)，在板中距⑧

轴线 2100mm 处有一道非框架梁 L1（250mm×450mm）。混凝土强度等级为 C25，二级抗震等级。试计算该板的钢筋下料长度。

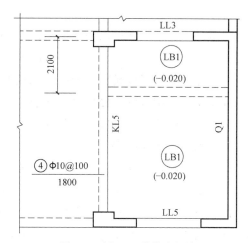

图 3-4 板 LB1 的集中标注

【解】 （1）计算 LB1 板 X 方向的下部贯通纵筋的长度

① 左支座直锚长度＝墙厚/2＝300mm/2＝150mm；

右支座直锚长度＝墙厚/2＝250mm/2＝125mm；

② 验算：$5d=5\times8$mm＝40mm，显然，直锚长度＝125mm＞40mm，满足要求。

③ 上部贯通纵筋的直段长度＝净跨长度＋两端的直锚长度

$$=（3600-125-150）mm+150mm+125mm=3600mm$$

（2）计算 LB1 板 X 方向的下部贯通纵筋的根数

左板的根数＝（4800-150-125+21+33）/150＝31 根

右板的根数＝（2100-125-150+33÷21）/150＝13 根

所以，LB1 板 X 方向的下部贯通纵筋的根数 31+13＝44 根。

（3）计算 LB1 板 Y 方向的下部贯通纵筋的长度

直锚长度＝墙厚/2＝300mm/2＝150mm

下部贯通纵筋的直段长度＝净跨长度＋两端的直锚长度

$$=（6900-150-150）mm+150mm\times2=6900mm$$

（4）计算 LB1 板 Y 方向的下部贯通纵筋的根数

板下部贯通纵筋的布筋范围＝净跨长度＋36＋21＝（3600-125-150）mm＋36mm＋21mm＝3382mm

Y 方向的下部贯通纵筋的根数＝3382/150＝23 根

3.4 扣筋计算

扣筋（即板支座上部非贯通筋）是在板中应用比较多的一种钢筋，在一个楼层当中，扣筋的种类又是最多的，因此在板钢筋计算过程中，扣筋的计算占了很大的比重。

1. 扣筋计算原理

扣筋的形状为"⌐"形，形象地形容为两条腿和一个水平段。

（1）扣筋腿的长度与所在楼板的厚度有关。

① 单侧扣筋：扣筋腿的长度＝板厚度-15（可以把扣筋的两条腿都采用同样的

长度）。

② 双侧扣筋（横跨两块板）：扣筋腿 1 的长度＝板 1 的厚度－15

扣筋腿 2 的长度＝板 2 的厚度－15

（2）扣筋的水平段长度可根据扣筋延伸长度的标注值来进行计算。

如果单纯根据延伸长度标注还不能计算，则还要依据平面图样的相关尺寸来进行计算。下文主要讨论不同情况下如何计算扣筋水平段的长度。

2. 最简单的扣筋计算

（1）双侧扣筋两侧都标注了延伸长度，则

扣筋水平段长度＝左侧延伸长度＋右侧延伸长度

【例 3-5】 一根横跨一道框架梁的双侧扣筋③号钢筋，扣筋的两条腿分别伸到 LB1 和 LB2 两块板中（如图 3-5 所示），在扣筋的上部标注：③φ12@120，在扣筋下部的左侧标注：1800，在扣筋下部的右侧标注：1400，则③号扣筋的水平段长度＝1800mm＋1400mm＝3200mm。

（2）双侧扣筋单侧标注延伸长度，表明该扣筋向支座两侧对称延伸，则

扣筋水平段长度＝单侧延伸长度×2

【例 3-6】 一根横跨一道框架梁的双侧扣筋②号钢筋，扣筋的两条腿分别伸到 LB1 和 LB2 两块板中（如图 3-5 所示），在扣筋的上部标注：②φ10@100 在扣筋下部的左侧标注：1800，而在扣筋下部的右侧为空白，没有尺寸标注，则②号扣筋的水平段长度＝1800mm×2＝3600mm。

3. 端支座部分宽度的扣筋计算

单侧扣筋：一端支承在梁（端）上，另一端伸到板中。

扣筋水平段长度＝单侧延伸长度＋端部梁中线至外侧部分长度

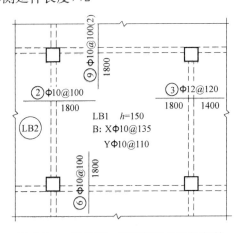

图 3-5 一根横跨一道框架梁的双侧扣筋

4. 横跨两道梁的扣筋的计算

（1）扣筋标注在两道梁之外都有延伸长度，则

扣筋水平段长度＝左侧延伸长度＋两梁的中心间距＋右侧延伸长度

【例 3-7】 如图 3-6 所示的扣筋⑨号钢筋，在扣筋的上部标注：⑨φ10@100（2），在扣筋下部的左侧标注：1800，在扣筋下部中段没有尺寸标注，在扣筋下部的右侧标注：1800。⑨号扣筋的水平段长度＝1800mm＋1800mm＋1800mm＝5400mm。

（2）扣筋标注仅在一道梁之外有延伸长度，则

扣筋水平段长度＝单侧延伸长度＋两梁的中心间距＋端部梁中线至外侧部分长度

端部梁中线至外侧部分的扣筋长度＝梁宽度/2－保护层－梁纵筋直径

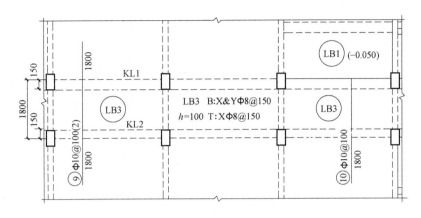

图 3-6 扣筋计算示意图

【例 3-8】 如图 3-6 所示的扣筋⑩号钢筋,在扣筋的上部标注:⑩φ10@100,在扣筋下部的左侧标注:1800,在扣筋下部两道梁之间没有尺寸标注。

【分析】 这种扣筋与【例 3-7】不同,它没有向 LB1 跨内的延伸长度,即 KL1 梁是这根扣筋的一个端支座节点。

【解】 ⑧轴线的框架梁 KL2 的宽度为 300mm,梁保护层厚度为 25mm,梁上部纵筋的直径为 25mm,则⑩号扣筋的水平段长度＝1800mm＋1800mm＋(300/2－25－25)mm＝3700mm。

5. 贯通全悬挑长度的扣筋计算

贯通全悬挑长度的扣筋水平段长度计算公式如下:

$$扣筋水平段长度＝跨内延伸长度＋梁宽/2＋悬挑板的挑出长度$$

【例 3-9】 如图 3-7 中⑤号扣筋覆盖整个延伸悬挑板,其原位标注如下:

在扣筋的上部标注:⑤φ10@100,在扣筋下部向跨内的延伸长度标注为:2000,覆盖延伸悬挑板一侧的延伸长度不作标注(如图 3-7 所示)。

【解】 悬挑板的挑出长度(净长度)为 1000mm,悬挑板的支座梁宽为 300mm,则扣筋水平段长度＝2000mm＋300/2mm＋1000mm＝3150mm

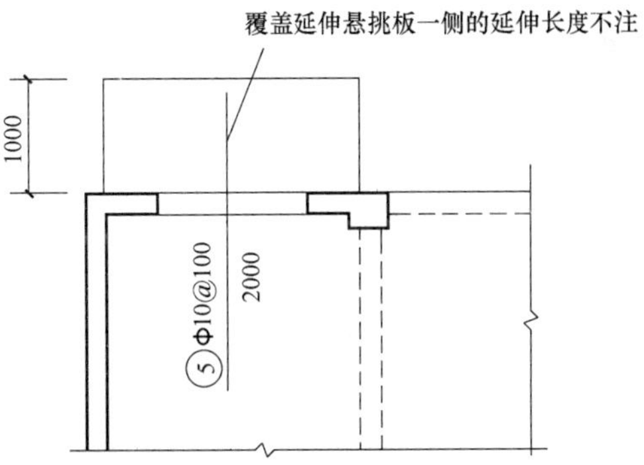

图 3-7 ⑤号扣筋覆盖整个延伸悬挑板

6. 扣筋分布筋的计算

(1)扣筋分布筋根数的计算原则

① 扣筋拐角处必须布置一根分布筋。

② 在扣筋的直段范围内按照分布筋间距进行布筋。板分布筋的直径和间距在结构施工图的说明中有明确的规定。

③ 当扣筋横跨梁（墙）支座时，在梁（墙）宽度范围内部布置分布筋，这时应分别对扣筋的两个延伸净长度计算分布筋的根数。

（2）扣筋分布筋的长度。扣筋分布筋的长度无需按全长计算，因为在楼板角部矩形区域，横竖两个方向的扣筋相互交叉，互为分布筋，所以这个角部矩形区域不应再设置扣筋的分布筋；否则，四层钢筋交叉重叠在一块，混凝土无法覆盖住钢筋。

7. 一根完整的扣筋的计算过程

扣筋计算可以分为如下4个过程：

① 计算扣筋的腿长。如果横跨两块板的厚度不同，则扣筋的两腿长度要分别计算。

② 计算扣筋的水平段长度。

③ 计算扣筋的根数。如果扣筋的分布范围为多跨，也还是"按跨计算根数"，相邻两跨之间的梁（墙）上不布置扣筋。

④ 计算扣筋的分布筋。

【例3-10】 如图3-8所示，一个横跨一道框架梁的双侧扣筋③号钢筋，扣筋的两条腿分别伸到LB1和LB2两块板中，LB1的厚度为120mm，LB2的厚度为100mm。

在扣筋的上部标注：③φ10@150（2），在扣筋下部的左侧标注：2000，在扣筋下部的右侧标注：1500。

扣筋标注的所在跨及相邻的轴线跨度均为3500mm，两跨之间的框架梁KL1的宽度为200mm，均为正中轴线。扣筋分布筋为φ8@200。

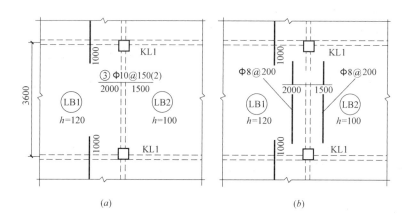

(a)　　　　　　　　　　*(b)*

图3-8　扣筋计算示意图

(a) 扣筋长度及根数计算；*(b)* 扣筋的分布筋计算

【解】（1）计算扣筋的腿长

扣筋腿1的长度＝LB1的厚度－15＝(120－15)mm＝105mm

扣筋腿2的长度＝LB2的厚度－15＝(100－15)mm＝85mm

（2）计算扣筋的水平段长度

扣筋水平段长度＝2000mm＋1500mm＝3500mm

（3）计算扣筋的根数

单跨的扣筋根数＝(3300－50×2)/150＋1＝23＋1＝24 根

两跨的扣筋根数＝24×2＝48 根

（4）计算扣筋的分布筋

计算扣筋分布筋长度的基数为 3300mm，还要减去另向钢筋的延伸净长度，再加上搭接长度 150mm。

如果另向钢筋的延伸长度为 1000mm，延伸净长度＝(1000－100)mm＝900mm，则扣筋分布筋长度＝(3300－900×2＋150×2)mm ＝1800mm

扣筋分布筋的根数：

扣筋左侧的分布筋根数＝(2000－100)/200＋1＝10＋1＝11 根

扣筋右侧的分布筋根数＝(1500－100)/200＋1＝7＋1＝8 根

习　题

1. 计算板的上部贯通纵筋。如图 3-9 所示，板 LB1 的集中标注为 LB1，$h＝100$，B：X&Yϕ8@150，T：X&Yϕ8@150。

LB1 的大边尺寸为 3500mm×7000mm，在板的左下角设有两个并排的电梯井（尺寸为 2400mm×4800mm）。该板右边的支座为框架梁 KL3（250mm×650mm），板的其余各边均为剪力墙结构（厚度为 280mm），混凝土强度等级 C40，二级抗震等级。墙身水平分布筋直径为 14mm，KL3 上部纵筋直径为 20mm。

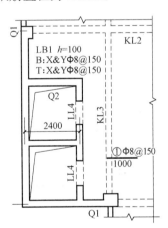

图 3-9　板 LB1 示意

第4章   梁板式基础钢筋下料

4.1   梁板式筏形基础的施工图识读

4.1.1   梁板式筏形基础施工图的表示方法

梁板式筏形基础平法施工图，系在基础平面布置图上采用平面注写方式进行表达。当绘制基础平面中布置图时，应将梁板式筏形基础与其所支撑的柱、墙一起绘制。梁板式筏形基础以多数相同的基础平板底面标高作为基础底面基准标高。当基础底面标高不同时，须注明与基础底面基准标高不同之处的范围与标高。

通过选注基础梁底面与基础平板底面的标高高差来表达两者间的位置关系，可以明确其"高板位"（梁顶与板顶一平）、"低板位"（梁底与板底一平）以及"中板位"（板在梁的中部）三种不同位置组合的筏形基础，方便设计表达。

对于轴线未居中的基础梁，应标注其定位尺寸。

4.1.2   梁板式筏形基础构件的类型与编号

1. 基础主/次梁编号表示方法

梁板式筏形基础由基础主梁，基础次梁，基础平板等构成。基础梁集中标注的和第一项必注内容是基础梁编号，由"代号"、"序号"、"跨数及有无外伸"三项组成，如图 4-1 所示。具体表示方法，见表 4-1。

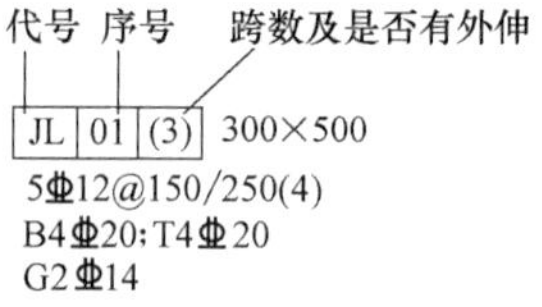

图 4-1 基础主/次梁
编号平法标注

基础梁编号识图   表 4-1

构件类型	代号	序号	跨数及有无外伸
基础主梁	JL	××	（××）或（××A）或（××B）
基础次梁	JCL	××	（××）或（××A）或（××B）
梁板筏形基础平板	LPB	××	

注：1. （××A）为一端有外伸，（××B）为两端有外伸，外伸不计入跨数。
　　例：JL7（5B）表示第 7 号基础主梁，5 跨，两端有外伸。
　　2. 梁板式筏形基础平板跨数及是否有外伸分别在 X、Y 两向的贯通纵筋之后表达。图面从左至右为 X 向，从下至上为 Y 向。
　　3. 梁板式筏形基础主梁与条形基础梁编号与标准构造详图一致。

2. 基础主/次梁截面尺寸识图

基础主/次梁截面尺寸用 $b \times h$ 表示梁截面宽度和高度，当为竖向加腋梁时，用 $b \times h$

$Yc_1 \times c_2$ 表示。

3. 基础主/次梁的平法表达方式

基础主/次梁的平法表达方式，如图 4-2 所示。

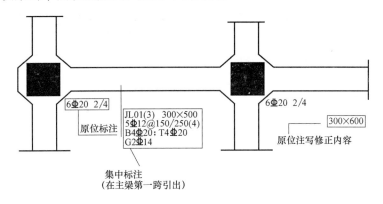

图 4-2 基础主/次梁平法表达方式

4. 集中标注

基础主/次梁集中标注包括编号、截面尺寸、配筋三项必注内容，以及基础梁底面标高高差（相对于筏形基础平板底面标高）一项选注内容，如图 4-3 所示。

5. 基础主梁 JL 与基础次梁 JCL 标注说明

基础主梁 JL 与基础次梁 JCL 标注说明见表 4-2。

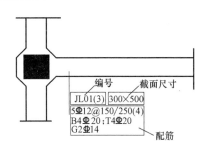

图 4-3 基础主/次梁集中标注

基础主梁 JL 与基础次梁 JCL 标注说明　　　　　　　　　　　　表 4-2

集中标注说明：集中标注应在第一跨引出

注 写 形 式	表 达 内 容	附 加 说 明
JL$\times\times$($\times$B)或 JCL$\times\times$($\times$B)	基础主梁 JL 或基础次梁 JCL 编号，具体包括：代号、序号、(跨数及外伸状况)	($\times$A)：一端有外伸；($\times$B)：两端均有外伸；无外伸则仅注跨数($\times$)
$b \times h$	截面尺寸，梁宽×梁高	当加腋时，用 $b \times h$ $Yc_1 \times c_2$ 表示，其中 c_1 为腋长，c_2 为腋高
$\times\times\phi\times\times$@$\times\times\times$/ $\phi\times\times$@$\times\times\times$($\times$)	第一种箍筋道数、强度等级、直径、间距/第二种箍筋(肢数)	Φ—HPB300，Φ—HRB335，Φ—HRB400，Φ^R—RRB400，下同
B$\times\Phi\times\times$；T$\times\Phi\times\times$	底部(B)贯通纵筋根数、强度等级、直径；顶部(T)贯通纵筋根数、强度等级、直径	底部纵筋应有不少于 1/3 贯通全跨顶部纵筋全部连通
G$\times\Phi\times\times$	梁侧面纵向构造钢筋根数、强度等级、直径	为梁两个侧面构造纵筋的总根数
($\times$.$\times\times\times$)	梁底面相对于筏板基础平板标高的高差	高者前加＋号，低者前加－号，无高差不注

续表

原位标注(含贯通筋)的说明:

注写形式	表达内容	附加说明
×Φ×× ×/×	基础主梁与基础次梁支座底部纵筋根数、强度等级、直径,以及用"/"分隔的各排筋根数	梁支座底部纵筋包括贯通纵筋与非贯通纵筋在内的所有纵筋
×φ××@×××	附加箍筋总根数(两侧均分)、规格、直径及间距	在主次梁相交处的主梁上引出
其他原位标注	某部位与集中标注不同的内容	原位标注取值优先

注：相同的基础主梁或次梁只标注一根,其他仅注编号。有关标注的其他规定详见制图规则。
在基础梁相交处位于同一层面的纵筋相交叉时,设计应注明何梁纵筋在下、何梁纵筋在上。

6. 梁板式筏形基础平板 LPB 标注说明

梁板式筏形基础平板 LPB 标注说明见表 4-3。

梁板式筏形基础平板 LPB 标注说明 表 4-3

集中标注说明:集中标注应在双向均为第一跨引出

注写形式	表达内容	附加说明
LPB××	基础平板编号,包括代号和序号	为梁板式基础的基础平板
$h=××××$	基础平板厚度	
X:BΦ××@×××; TΦ××@×××;(××、××A、××B) Y:BΦ××@×××; TΦ××@×××;(××、××A、××B)	X向底部与顶部贯通纵筋强度等级、直径、间距(跨数及有无外伸) Y向底部与顶部贯通纵筋强度等级、直径、间距(跨数及有无外伸)	底部纵筋应有不少于1/3贯通全跨,注意与非贯通纵筋组合设置的具体要求,详见制图规则。顶部纵筋应全跨连通。用B引导底部贯通纵筋,用T引导顶部贯通纵筋。(××A):一端有外伸;(××B):两端均有外伸;无外伸则仅注跨数(××)。图面从左至右为X向,从下至上为Y向

板底部附加非贯通筋的原位标注说明:原位标注应在基础梁下相同配筋跨的第一跨下注写

注写形式	表达内容	附加说明
Ⓧ Φ××@×××(××、××A、××B) ×××× 基础梁	底部附加非贯通纵筋编号、强度等级、直径、间距(相同配筋横向布置的跨数及有无布置到外伸部位);自支座中线分别向两边跨内的伸出长度值	当向两侧对称伸出时,可只在一侧注伸出长度值。外伸部位一侧的伸出长度与方式,按标准构造,设计不注,相同非贯通纵筋可只注写一处,其他仅在中粗虚线上注写编号。与贯通纵筋组合设置时的具体要求详见相应制图规则
修正内容原位注写	某部位与集中标注不同的内容	原位标注的修正内容取值优先

注：图注中注明的其他内容见制图规则第4.6.2条;有关标注的其他规定详见制图规则。

4.2 基础各部分钢筋的计算

4.2.1 基础主梁和基础次梁纵向钢筋

1. 基础主梁的梁长计算

（1）框架结构的楼盖中,框架梁以框架柱为支座,是"柱包梁",在框架梁长度计算时，计算到框架柱的外皮。

（2）梁板式筏形基础中，基础主梁是框架柱的支座，在基础中是"梁包柱"，在两道基础主梁相交的柱节点中，基础主梁的长度是计算到相交的基础主梁外皮（而不是框架柱的外皮）。

【例 4-1】 某工程的平面图是轴线 5000mm 的正方形，四角为 KZ1（500mm×500mm）轴线正中，基础梁 JL1 截面尺寸为 600mm×900mm，混凝土强度等级为 C20。

基础梁纵筋：底部和顶部贯通纵筋均为 7Φ25，侧面构造钢筋为 8Φ12。

基础梁箍筋：11ϕ10@100/200（4）。

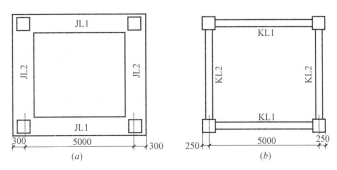

图 4-4 基础主梁的梁长计算

【解】 按基础梁 JZL1 图 4-4（a）计算，基础主梁的长度计算到相交的基础主梁的外皮为（5000+300×2）mm＝5600mm，则基础主梁纵筋长度为（5600−30×2）mm＝5540mm。按图 4-4（b）计算框架梁，梁两端框架外皮尺寸为（5000+250×2）mm＝5500mm，则框架梁纵筋长度为（5500−30×2）mm＝5440mm。

2. 基础主梁的每跨长度计算

框架梁以框架为支座，所以在框架分跨时，以框架柱作为分跨的依据，框架梁的跨度指净跨长度，即该跨梁两端的框架柱内皮之间的距离。框架梁在计算支座负筋延伸长度时，就算这个净跨长度的 1/3 或 1/4。

基础主梁和基础次梁的底部贯通纵筋连接区，就设定在 1/3 净跨度长度的范围内（严格地说是"$\leq l_n/3$"，其中 l_n 是基础主梁或基础次梁的跨度）。同样，基础主梁顶部贯通纵筋的连接区，也是以这样的跨度来定义的，柱中心线两边各 $l_n/4$ 的范围，就是基础主梁顶部贯通纵筋的连接区，如图 4-5 所示。基础主梁这样的分跨，虽然也能够影响其箍筋加密区与非加密区的划分，但是不能影响箍筋在基础主梁内部的贯通设置。

3. 基础主梁的非贯通纵筋长度计算

（1）基础主梁的非贯通纵筋长度。基础主梁 JL 纵向钢筋与箍筋构造图中（图 4-5），标明基础主梁的非贯通纵筋自柱中心线向跨内延伸 $l_n/3$，且$\geq a$，其中 l_n 是节点左跨跨度和右跨跨度的较大值（边跨端部 l_n 取边跨跨度值），$a=1.2l_a+h_b+0.5h_c$（h_b 为梁高，h_c 为柱宽），计算出来的 a 值有可能大于 $l_n/3$。

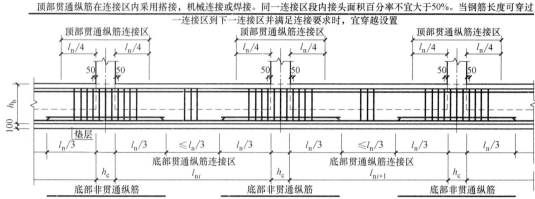

图 4-5　基础梁 JL 纵向钢筋与箍筋构造

（2）两排非贯通纵筋的长度。图 4-5 中的第一排底部纵筋在"$l_n/3$"附近有两个切断点，表明这是"第一排底部非贯通纵筋"位置。当底部纵筋多于两排时，从第三排起非贯通纵筋向跨内的延伸长度值应由设计者注明。

4. 基础主梁的贯通纵筋连接构造计算

（1）底部贯通纵筋连接区长度的计算。

连接区的长度＝本跨长度－左半非贯通纵筋延伸长度－右半非贯通纵筋延伸长度

（2）架立筋的计算：

① 架立筋的长度＝本跨底部贯通纵筋连接区的长度＋2×150mm；

② 架立筋的根数＝箍筋的肢数－第一排底部贯通纵筋的根数。

（3）基础主梁的顶部贯通纵筋计算。

如图 4-5 所示，在柱中心线左右各 $l_n/4$ 的范围是顶部贯通纵筋连接区（如图 4-5 所示）。基础主梁相交位于同一层面的交叉纵筋，梁纵筋的位置应按具体设计说明设置。

5. 基础次梁 JCL 纵向钢筋计算

基础次梁 JCL 纵向钢筋构造（图 4-6）与基础主梁 JL 的钢筋构造基本上是一致的。下面只列出基础次梁与基础主梁的不同之处。

（1）端部等（变）截面外伸构造中，当从基础主梁内边算起的外伸长度不满足直锚要求时，基础次梁下部钢筋应伸至端部后弯折 15d，且从梁内边算起水平段长度应≥$0.6l_{ab}$。

（2）在基础次梁的支座附近上方没有标注一个"顶部贯通纵筋连接区"，而是在图上标明顶部贯通纵筋锚入支座（基础主梁）≥12d，且至少到梁中线。基础次梁与基础主梁的这种区别，是由于基础次梁以基础主梁作为支座，而基础主梁并非以框架柱作为支座。

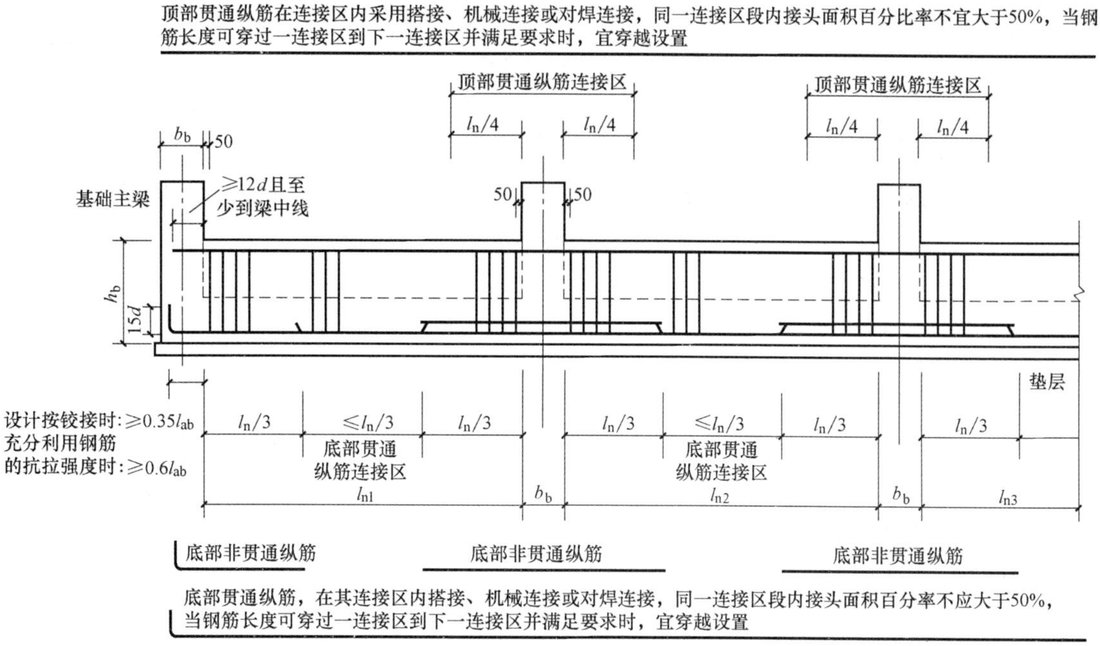

顶部贯通纵筋在连接区内采用搭接、机械连接或对焊连接，同一连接区段内接头面积百分比率不宜大于50%，当钢筋长度可穿过一连接区到下一连接区并满足要求时，宜穿越设置

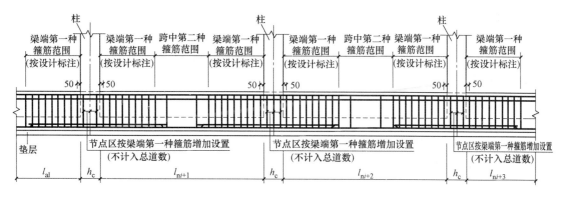

图 4-6　基础次梁 JCL 纵向钢筋与箍筋构造

4.2.2　基础主梁和基础次梁箍筋

1. 基础主梁的箍筋设置

基础主梁的箍筋设置如图 4-7 所示。

图 4-7　基础主梁的箍筋设置

（1）每跨梁的箍筋布置从距框架柱边 50mm 开始，依次布置第一种加密箍筋、第二种加密箍筋、非加密区的箍筋。其中，加密箍筋按箍筋标注的根数和间距进行布置，箍筋加密区的长度＝箍筋间距×（箍筋根数－1）。

非加密区的长度＝梁净跨长度－50×2－第一种箍筋加密区长度－第二种箍筋加密区

长度

（2）基础主梁在柱下区域按梁端箍筋的规格、间距贯通设置，柱下区域的长度为框架柱宽度＋50×2，在整个柱下区域内，按"第一种加密箍筋的规格和间距"进行布筋。

（3）当梁只标注一种箍筋的规格和间距时，则整道基础主梁（包括柱下区域）都按照这种箍筋的规格和间距进行配筋。

（4）两向基础主梁相交的柱下区域，应有一向截面较高的基础主梁按梁端箍筋全面贯通设置；另一向的基础主梁的箍筋从间距架柱边50mm开始布置。

2. 基础次梁的箍筋设置

基础次梁的箍筋设置如图4-8所示。

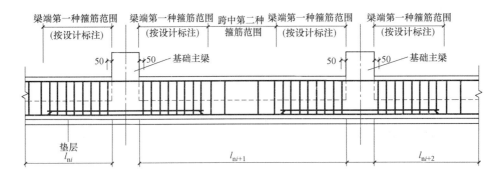

图4-8 基础次梁JCL配置两种箍筋构造图

（1）每跨梁的箍筋布置从距基础主梁边50mm开始计算，依次布置第一种加密箍筋、第二种加密箍筋、非加密区的箍筋。其中：第一种加密箍筋按箍筋标注的根数和间距进行布置，箍筋加密区长度＝[箍筋间距×（箍筋根数－1）]。

非加密区的长度＝梁净跨长度－50×2＝第一种箍筋加密区长度－第二种箍筋加密区长度

（2）当梁只标注一种箍筋的规格和间距时，则整跨基础次梁都按照这种箍筋的规格和间距进行配筋。

【例4-2】 一基础次梁，其净长度为6000mm，箍筋标注为：

$$9\Phi16@100/12\Phi16@150/\Phi16@200(6)$$

这表示箍筋为HRB400钢筋，直径为16mm，均为6肢箍，从梁端到跨内，有3种箍筋的设置范围，如图4-9所示。

（1）间距为100mm设置9道，即在本跨两端的分布范围均为100×8mm＝800mm。

（2）接着以间距150mm设置12道，即在本跨再设置第二种箍筋，两端的分布范围均为150×11mm＝1650mm。

（3）其余间距为200mm，第三种箍筋的分布范围为

$$(6000-50\times2-800\times2-1650\times2)\text{mm}=1000\text{mm}$$

第三种箍筋的根数＝1000/200－1＝4(4道6肢箍)

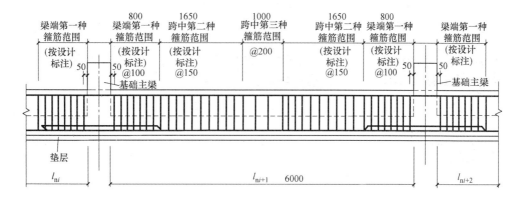

图 4-9 多种加密区的箍筋布置

注：1. l_{ni} 为基础次梁的本跨净跨值。

2. 当具体设计未注明时，基础次梁的外伸部位，按第一种箍筋设置。

3. 基础梁竖向加腋部位的钢筋见设计标注。加腋范围的箍筋与基础次梁的箍筋配置相同，仅箍筋高度为变值。

4.2.3 基础梁外伸部位钢筋

1. 基础梁 JL 端部与外伸部位钢筋构造

基础梁 JL 端部与外伸部位钢筋构造如图 4-10 所示。

2. 基础次梁 JCL 的外伸部位钢筋构造

基础次梁 JCL 的外伸部位钢筋构造如图 4-11 所示。

4.2.4 基础梁侧加腋钢筋

1. 基础梁与柱结合部侧腋构造

基础梁与柱结合部的侧腋设置的部位有：十字交叉基础梁与柱结合部、丁字交叉基础梁与柱结合部、无外伸基础梁与柱结合部、基础梁中心穿柱侧腋、基础梁偏心穿柱与柱结合部等形式，如图 4-12～图 4-16 所示，其构造要求如下。

（1）侧腋配筋。纵筋：直径≥12mm，且不小于柱箍筋直径，间距与柱箍筋相同。

分布钢筋：$\phi 8@200$。

锚固长度：伸入住内总锚固长度≥l_a。

侧腋尺寸：各边侧腋宽出尺寸为50mm。

（2）梁柱等宽设置。当基础梁与柱等宽，或柱与梁的某一侧面相平时，存在因梁纵筋与柱纵筋同在一个平面内导致直通交叉遇阻情况，应适当调整基础梁宽度，使柱纵筋直通锚固。

当柱与基础梁结合部位的梁顶面高度不同时，梁包柱侧腋顶面应与较高基础梁的梁顶面一平（即在同一平面上），侧腋顶面至较低梁顶面高差内的侧腋，可参照角柱或丁字交叉基础梁包柱侧腋构造进行施工。

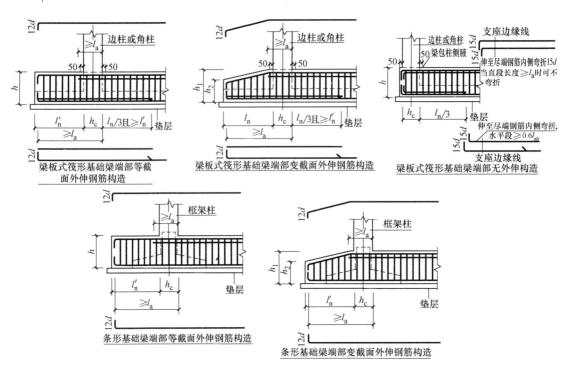

图 4-10 基础梁 JK 端部与外伸部位钢筋构造

注：1. 基础梁外伸部位纵筋构造的特点是上部第一排纵筋伸至"外伸部位"尽端（扣减保护层），弯直钩 12d；下部第一排纵筋伸至"外伸部位"尽端（扣减保护层），弯直钩 12d；下部第二排纵筋伸至"外伸部位"尽端（扣减保护层），不弯直钩。

2. 端部等（变）截面外伸构造中，当从柱内边算起的梁端部外伸长度不满足直锚要求时，基础梁下部钢筋应伸至端部后弯折，且从柱内边算起水平段长度 $\geq 0.6 l_{ab}$，弯折段长度 15d。

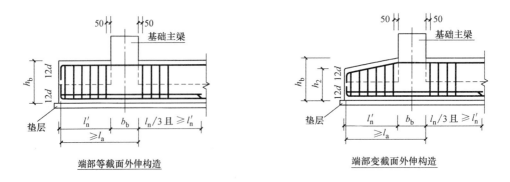

图 4-11 基础次梁 JCL 端部外伸部位钢筋构造

注：1. 基础次梁顶部纵筋端部伸至尽端钢筋内侧，弯直钩 12d；基础次梁底部第一排纵筋端部伸至尽端钢筋内侧，弯直钩 12d。

2. 端部等（变）截面外伸构造中，当从基础主梁内边算起的外伸长度不满足直锚要求时，基础次梁下部钢筋应伸至端部后弯折 15d，且从梁内边算起水平段长度应 $\geq 0.6 l_{ab}$。

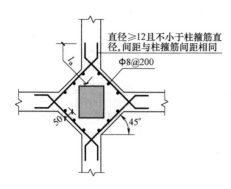

图 4-12 十字交叉基础梁与
柱结合部侧腋构造

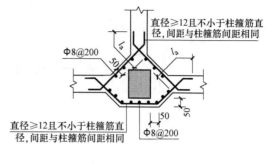

图 4-13 丁字交叉基础梁与
柱结合部侧腋构造

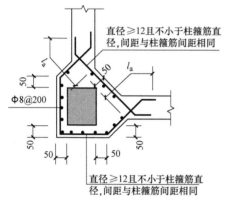

图 4-14 无外伸基础梁与
柱结合部侧腋构造

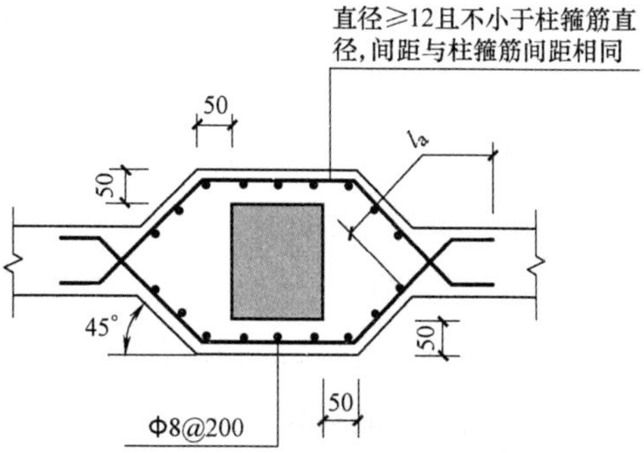

图 4-15 基础梁中心穿柱
侧腋构造

2. 基础梁侧腋钢筋计算

除了基础梁比柱宽且完全形成梁包柱的情形外，基础梁必须加腋，加腋钢筋直径不小于 12mm 并且不小于柱箍筋直径，间距同柱箍筋间距。在加腋筋内侧梁高位置布置分布筋 $\phi8@200$。

$$加腋纵筋长度 = \sum 侧腋边净长 + 2l_a \quad (4\text{-}1)$$

4.2.5 基础梁竖向加腋钢筋

1. 基础梁竖向加腋构造

基础梁竖向加腋内容：钢筋的锚固要求及加腋范围内箍筋的构造要求，如图 4-17 所示。

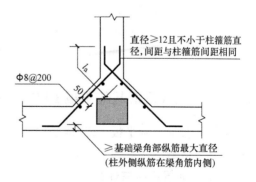

图 4-16 基础梁偏心穿柱与柱结合部侧腋构造

加腋钢筋的锚固：加腋钢筋的两端分别伸入基础主梁和柱内锚固长度为 l_a。

加腋范围内的箍筋与基础梁的箍筋配置相同，仅箍筋高度为变值。

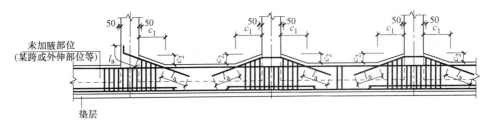

图 4-17　基础梁 JL 竖向加腋钢筋构造

2. 基础梁竖向加腋钢筋算法

$$\text{加腋上部斜纵筋根数} = \text{梁下部纵筋根数} - 1 \tag{4-2}$$

且不少于两根，并插空放置。其箍筋与梁端部箍筋相同。

$$\text{箍筋根数} = 2 \times (1.5 h_b / \text{加密区间距}) + (l_n - 3 h_b - 2c_1) / \text{非加密区间距} - 1 \tag{4-3}$$

$$\text{加腋区箍筋根数} = (c_1 - 50) / \text{箍筋加密区间距} + 1 \tag{4-4}$$

$$\text{加腋区箍筋理论长度} = 2b + 2 \times (2h + c_2) - 8c + 2 \times 11.9d + 8d \tag{4-5}$$

$$\text{加腋区箍筋下料长度} = 2b + 2 \times (2h + c_2) - 8c + 2 \times 11.9d + 8d - 3 \times 1.75d \tag{4-6}$$

$$\text{加腋区箍筋最长预算长度} = 2 \times (b + h + c_2) - 8c + 2 \times 11.9d + 8d \tag{4-7}$$

$$\text{加腋区箍筋最长下料长度} = 2 \times (b + h + c_2) - 8c + 2 \times 11.9d + 8d - 3 \times 1.75d \tag{4-8}$$

$$\text{加腋区箍筋最短预算长度} = 2 \times (b + h) - 8c + 2 \times 11.9d + 8d \tag{4-9}$$

$$\text{加腋区箍筋最短下料长度} = 2 \times (b + h) - 8c + 2 \times 11.9d + 8d - 3 \times 1.75d \tag{4-10}$$

$$\text{加腋区箍筋总长缩尺量差} = (\text{加腋区箍筋中心线最长长度} -$$
$$\text{加腋区箍筋中心线最短长度}) / \text{加腋区箍筋数} - 1 \tag{4-11}$$

$$\text{加腋区箍筋高度缩尺量差} = 0.5 \times (\text{加腋区箍筋中心线最长长度} -$$
$$\text{加腋区箍筋中心线最短长度}) / \text{加腋区箍筋数量} - 1 \tag{4-12}$$

$$\text{加腋纵筋长度} = \sqrt{c_1^2 + c_2^2} + 2l_a \tag{4-13}$$

4.2.6　梁板式筏形基础平板 LPB 钢筋

梁板式筏形基础平板 LPB 钢筋构造，分作"柱下区域"和"跨中区域"两种部位的构造。柱下区域的构造如图 4-18 所示，跨中区域的构造如图 4-19 所示。

1. 底部非贯通纵筋计算

(1) 底部非贯通纵筋的延伸长度，根据基础平板 LPB 原位标注的底部非贯通纵筋的延伸长度值进行计算。

(2) 底部非贯通纵筋自梁中心线到跨内的延伸长度 $\geqslant l_n / 3$（l_n 基础平板 LPB 的轴线跨度）。

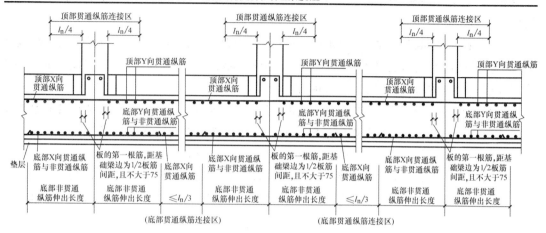

顶部贯通纵筋在连接区内采用搭接、机械连接或焊接，同一连接段内接头面积百分比比例不宜大于50%，当钢筋长度可穿过一连接区到下一连接区并满足要求时，宜穿越设置

图4-18 梁板式筏形基础平板LPB钢筋构造（柱下区域）

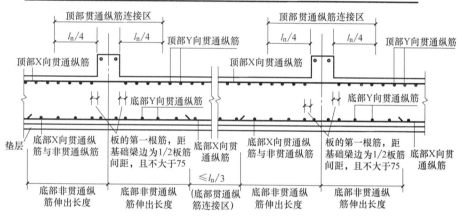

顶部贯通纵筋在连接区内采用搭接、机械连接或焊接，同一连接区段内接头面积百分比率不宜大于50%，当钢筋长度可穿过一连接区到下一连接区并满足要求时，宜穿越设置

图4-19 梁板式筏形基础平板LPB钢筋构造（跨中区域）

2. 底部贯通纵筋计算

（1）底部贯通纵筋在基础平板LPB内按贯通布置。鉴于钢筋定尺长度的影响，底部贯通纵筋可以在跨中的"底部贯通纵筋连接区"进行连接。

底部贯通纵筋连接区长度＝跨度－左侧延伸长度

（2）当底部贯通纵筋直径不一致时：当某跨底部贯通纵筋直径大于邻跨时，如果相邻板区板底相平，则应在两毗邻跨中配置较小一跨的跨中连接区内进行连接（即配置较大板跨的底部贯通纵筋须越过板区分界线伸至毗邻板跨的跨中连接区域）。

上述规定直接影响了底部贯通纵筋的长度计算。

【例4-3】梁板式筏形基础平板LPB2每跨的轴线跨度为5000mm，该方向原位标注的基础平板底部附加非贯通纵筋为B⊈20@300（3），而在该3跨范围内集中标注的底部贯通纵筋为 BΦ20@300 两端的基础梁 JL1 的截面尺寸为 500mm×900mm，纵筋直径为 25mm，基础梁的混凝土强度等级为 C25。求基础平板 LPB2 每跨的底部贯通纵筋和底部附加非贯通的根数。

解：原位标注的基础平板底部附加非贯通纵筋为：BΦ20@300（3），而在该 3 跨范围内集中标注的底部贯通纵筋为 BΦ20@300，这样就形成了"隔一布一"的布筋方式。该 3 跨实际横向设置的底部纵筋合计为 BΦ20@150。

梁板式筏形基础平板 LPB2 每跨的轴线跨度为 5000mm，即两端的基础梁 JL1 中心线之间的距离为 5000mm，则两端的基础梁 JL1 的梁角筋中心线之间的距离为

$$[5000-250×2+25×2+(25/2)×2]mm=4575mm$$

所以，底部贯通纵筋和底部附加非贯通纵筋的总根数为：4575/150=31 根。

我们可以这样来布置底部纵筋：底部贯通纵筋 16 根，底部附加非贯通纵筋 15 根。

习　题

1. 试计算基础平板 LPB1 每跨的底部贯通纵筋根数。梁板式筏形基础平板 LPB1 每跨的轴线跨度为 6000mm，该方向布置的底部贯通纵筋为 ϕ14@150，两端的基础梁 JL1 的截面尺寸为 500mm×900mm，纵筋直径为 22mm，基础梁的混凝土强度等级为 C25。

第 5 章　柱钢筋下料方法

5.1　柱构件平法表达形式

柱构件的平法表达方式分为"列表注写方式"和"截面注写方式"两种，在实际工程应用中，这两种表达方式所占比例相近，故本节对这两种表达方式均进行讲解。

1. 柱构件列表注写方式

柱构件列表注写方式，系在柱平面布置图上（一般只需采用适当比例绘制一张柱平面布置图，包括框架柱、框支柱、梁上柱和剪力墙上柱），分别在同一编号的柱中选择一个（有时需要选择几个）标注几何参数代号；在柱表中注写柱编号、柱段起止标高、几何尺寸（含柱截面对轴线的偏心情况）与配筋的具体数值，并配以各种柱截面形状及其箍筋类型图的方式，来表达柱平法施工图。

柱列表注写方式与识图，见图 5-1。

如图 5-1 所示，阅读列表注写方式表达的柱构件，要从 4 个方面结合和对应起来阅读，见表 5-1。

柱列表注写方式与识图表

表 5-1

内容	说　明
柱平面图	柱平面图上注明了本图适用的标高范围,根据这个标高范围,结合"层高与标高表",判断柱构件在标高上位于的楼层
箍筋类型图	箍筋类型图主要用于说明工程中要用到的各种箍筋组合方式,具体每个柱构件采用哪种,需要在柱列表中注明
层高与标高表	层高与标高表用于和柱平面图、柱表对照使用
柱表	柱表用于表达柱构件的各个数据,包括截面尺寸、标高、配筋等

2. 柱截面注写方式及识图方法

柱构件截面注写方式，是在柱平面布置图的柱截面上，分别从同一编号的柱中选择一个截面，以直接注写截面尺寸和配筋具体数值的方式来表达柱平法施工图。

柱截面注写方式表示方法与识图，如图 5-2 所示。

如图 5-2 所示，柱截面注写方式的识图，应从柱平面图和层高标高表这两个方面对照阅读。

柱列表注写方式与截面注写方式的区别：

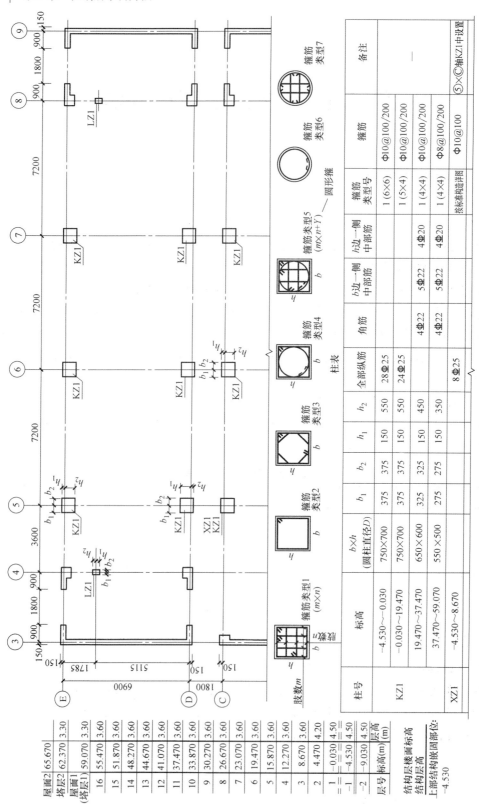

图 5-1 柱构件列表注写方式示例

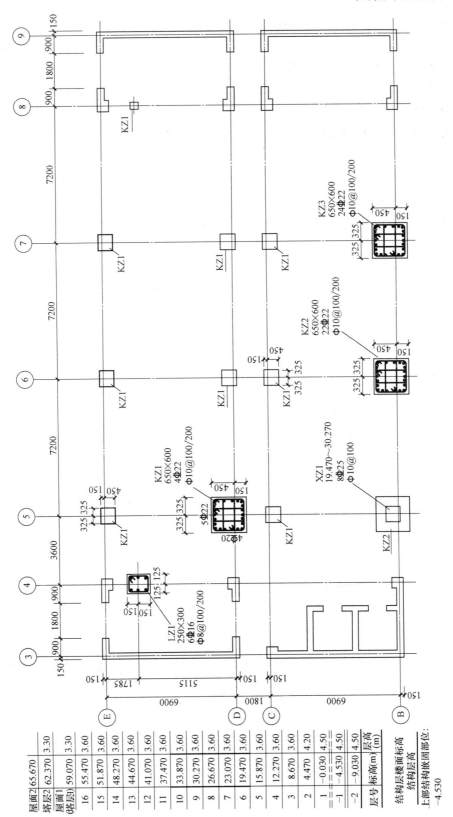

图 5-2 柱截面注写方式示例

柱列表注写方式与截面注写方式存在一定的区别，见图5-3，可以看出，截面注写方式不仅是单独注写箍筋类型图及柱列表，而是用直接在柱平面图上的截面注写，就包括列表注写中箍筋类型图及柱列表的内容。

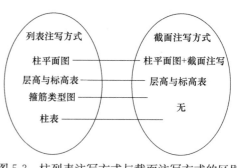

图 5-3 柱列表注写方式与截面注写方式的区别

3. 柱列表注写方式识图要点

（1）截面尺寸。

矩形截面尺寸用 $b \times h$ 表示，$b = b_1 + b_2$，$h = h_1 + h_2$，圆形柱截面尺寸由 "D（d）" 打头注写圆形柱直径，并且仍然用 b_1、b_2、h_1、h_2 表示圆形柱与轴线的位置关系，并使 $d = b_1 + b_2 = h_1 + h_2$，如图5-4所示。

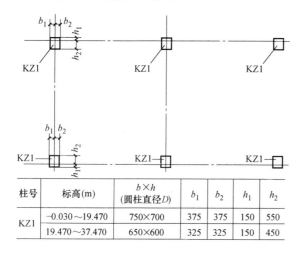

柱号	标高(m)	$b \times h$ （圆柱直径D）	b_1	b_2	h_1	h_2
KZ1	−0.030～19.470	750×700	375	375	150	550
	19.470～37.470	650×600	325	325	150	450

图 5-4 柱列表注写方式识图要点

芯柱与轴线的位置与柱对应，不进行标注。

（2）芯柱

根据结构需要，可以在某些框架柱的一定高度范围内，在其内部的中心位置设置（分别引注其柱编号）。芯柱中心应与柱中心重合，并标注其截面尺寸。芯柱定位随框架柱，不需要注写其与轴线的几何关系，如图5-5所示。

（3）芯柱截面尺寸、与轴线的位置关系：

芯柱截面尺寸不用标注，芯柱的截面尺寸不小于柱相应边截面尺寸的1/3，且不小于250mm。

柱号	标 高	$b \times h$ （圆柱直径D）	b_1	b_2	h_1	h_2	全部纵筋	角筋	b边一侧中部筋	h边一侧中部筋	箍筋类型号	箍筋
KZ1	−4.530～−0.030	750×700	375	375	150	550	28Φ25				1(6×6)	Φ10@100/200
XZ1	−4.530～8.670						8Φ25				按标准构造详图	Φ10@100

图 5-5 芯柱识图

（4）芯柱配筋，由设计者确定。

（5）纵筋。

当柱纵筋直径相同，各边根数也相同时（包括矩形柱、圆柱和芯柱），将纵筋写在"全部纵筋"一栏中；除此之外，柱纵筋分角筋、截面 b 边中部筋和 h 边中部筋三项分别注写（对于采用对称配筋的矩形截面柱，可仅注写一侧中部筋，对称边省略不注；对于采用非对称配筋的矩形截面柱，必须每侧均注写中部筋）。

（6）箍筋。

注写柱箍筋，包括钢筋类别、直径与间距。箍筋间距区分加密与非加密时，用"/"隔开。当框架节点核心区内箍筋与柱端箍筋设置不同时，应在括号内注明核心区箍筋直径及间距。当箍筋沿柱全高为一种间距时，则不使用"/"。

当采用螺旋箍筋时，需在箍筋前加"L"。

4. 柱截面注写方式识图要点

（1）芯柱。

截面注写方式中，若某柱带有芯柱，则直接在截面注写中，注写芯柱编号及起止标高（见图5-6），芯柱的构造尺寸如图5-7所示。

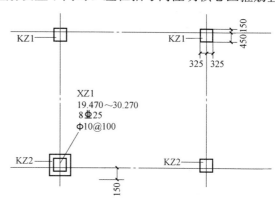

图 5-6　截面注写方式的芯柱表达

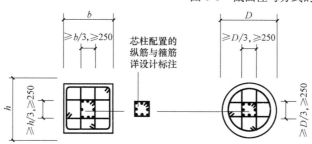

图 5-7　芯柱构造

（2）配筋信息。

配筋信息的识图要点，见表5-2。

配筋信息识图要点　　　　　　　　　　　　　　　　　表 5-2

表示方法	识图
KZ2 650×600 22Φ22 Φ10@100/200 325　325 450 150	如果纵筋直径相同，可以注写纵筋总数

表示方法	识图
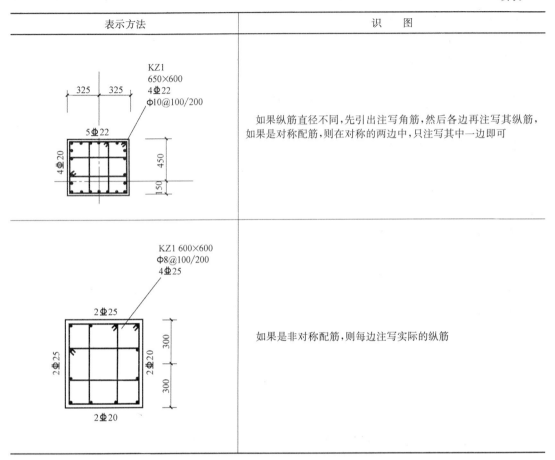	如果纵筋直径不同,先引出注写角筋,然后各边再注写其纵筋,如果是对称配筋,则在对称的两边中,只注写其中一边即可
	如果是非对称配筋,则每边注写实际的纵筋

其他识图要点与列表注写方式相同,此处不再重复。

5.2 框架柱底层纵向钢筋

5.2.1 框架柱插筋的构造

柱纵向钢筋在基础中构造如图 5-8 所示。

(1) 图 5-8 中 h_j 为基础底面至基础顶面的高度,柱下为基础梁时,h_j 为梁底面至顶面的高度。当柱两侧基础梁标高不同时取较低标高。

(2) 锚固区横向箍筋应满足直径≥$d/4$ (d 为纵筋最大直径),间距≤$5d$ (d 为纵筋最小直径)且≤100mm 的要求。

(3) 当柱纵筋在基础中保护层厚度不一致(如纵筋部分位于梁中,部分位于板内),保护层厚度不大于 $5d$ 的部分应设置锚固区横向钢筋。

(4) 当符合下列条件之一时,可仅将柱四角纵筋伸至底板钢筋网片上或者筏形基础中间层钢筋网片上（伸至钢筋网片上的柱纵筋间距不应大于1000mm），其余纵筋锚固在基础顶面下 l_{aE} 即可。

1）柱为轴心受压或小偏心受压，基础高度或基础顶面至中间层钢筋网片顶面距离不小于1200mm。

2）柱为大偏心受压，基础高度或基础顶面至中间层钢筋网片顶面距离不小于1400mm。

（5）图中 d 为柱纵筋直径。

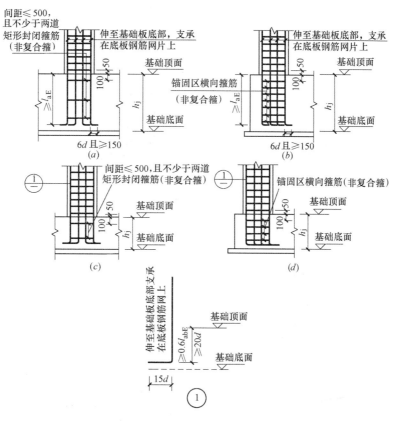

图 5-8 柱纵向钢筋在基础中构造

（a）保护层厚度>5d；基础高度满足直锚；（b）保护层厚度≤5d；基础高度满足直锚；
（c）保护层厚度>5d；基础高度不满足直锚；（d）保护层厚度≤5d；基础高度不满足直锚

5.2.2 地下室框架柱钢筋的构造

地下室框架柱 KZ 的纵向钢筋连接构造如图 5-9 所示。

（1）图 5-9 中钢筋连接构造用于嵌固部位不在基础顶面情况下地下室部分（基础顶面至嵌固部位）的柱。

（2）图 5-9 中 h_c 为柱截面长边尺寸（圆柱为截面直径），H_n 为所在楼层的柱净高。

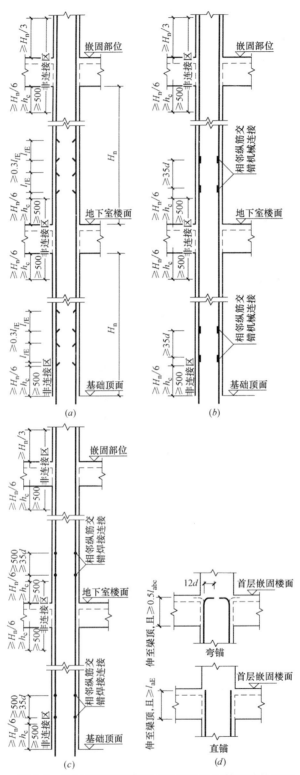

图 5-9 地下室抗震框架柱 KZ 的纵向钢筋连接构造图

（a）绑扎搭接；（b）机械连接；（c）焊接连接；（d）地下一层增加钢筋在嵌固部位的锚固构造

（3）绑扎搭接时，当某层连接区的高度小于纵筋分两批搭接所需要的高度时，应该用机械连接或焊接连接。

（4）地下一层增加钢筋在嵌固部位的锚固构造仅用于按《建筑抗震设计规范》GB 50011—2010 第 6.1.14 条在地下一层增加的钢筋。由设计指定，未指定时表示地下一层比上层柱多出的钢筋。

5.2.3 插筋计算

$$插筋外包尺寸 L_1 = 基础顶面内长 L_{1b} + 基础顶面以上的长 L_{1a} \tag{5-1}$$

其中 $L_{1b} = 12d$（或设计值）为插筋"脚"长，保护层厚：有垫层时取 40mm，无垫层时取 70mm。

1. 基础顶面内长

（1）独立基础：

$$L_{1b} = 基础底板厚 - 保护层厚 - 基础底板中双向筋直径 \tag{5-2}$$

（2）桩基：

$$L_{1b} = 承台厚 - 100×桩头伸入承台长 - 承台中下部双向筋直径 \tag{5-3}$$

此外，根据基础的厚度与基础的类型，L_{1b} 及 L_2 有相应组合，见表 5-3，其中竖直长度 $\geq 20d$ 与弯钩长度为 $35d$ 减竖直长度且 $\geq 150mm$ 的条件，适用于柱、墙插筋在柱基础独立承台和承台梁中的锚固。

当 L_{1b}、L_2 的组合 表 5-3

序号	插筋锚固长度	
	L_{1b}	L_2
1	$\geq 0.5 l_{aE}$	$12d$ 且 $\geq 150mm$
2	$\geq 0.6 l_{aE}$	$12d$ 且 $\geq 150mm$
3	$\geq 0.7 l_{aE}$	$12d$ 且 $\geq 150mm$
4	$\geq 0.8 l_{aE}$	$12d$ 且 $\geq 150mm$
5	$\geq l_{aE}$（$35d$ 独立承台中用）	—
6	$\geq 20d$	$35d$ 减竖直长度且 $\geq 150mm$

2. 基础顶面以上的长度

根据框架柱纵向钢筋连接方式的不同，即构造要求不同，基础顶面以上的插筋长度不一样。

1）纵向钢筋绑扎搭接

长插筋：
$$l_{laE} = H_n/3 + l_{lE} + 0.3\, l_{lE} + l_{lE} \tag{5-4}$$
$$= H_n/3 + 2.3 l_{lE}$$

短插筋：
$$l_{laE} = H_n/3 + l_{lE} \tag{5-5}$$

式中　H_n——第一层梁底至基础顶面的净高；

　　　$H_n/3$——非搭接区。

长插筋采用绑扎时需注意钢筋的直径大小，否则直径大的可能进入楼面处的非搭接区，有这种情况时，应采用机械连接或者焊接连接。

2）纵向钢筋焊接连接（机械连接与其类似）

长插筋：

$$l_{laE} = H_n/3 + \max\{500, 35d\} \tag{5-6}$$

短插筋：

$$l_{laE} = H_n/3 \tag{5-7}$$

因此，插筋的加工尺寸 L_1 的计算方法如下。

① 绑扎搭接

a. 独立基础

长插筋：

$$L_1 = 基础底板厚 - 保护层厚 - 基础底板中双向筋直径 + H_n/3 + 2.3l_{lE} \tag{5-8}$$

短插筋：

$$L_1 = 基础底板厚 - 保护层厚 - 基础底板中双向筋直径 + H_n/3 + l_{lE} \tag{5-9}$$

b. 桩基

长插筋：

$$L_1 = 承台厚 - 100 \times 桩头伸入承台长 - 承台中下部双向筋直径 +$$
$$H_n/3 + 2.3l_{lE} \tag{5-10}$$

短插筋：

$$L_1 = 承台厚 - 100 \times 桩头伸入承台长 - 承台中下部双向筋直径 +$$
$$H_n/3 + l_{lE} \tag{5-11}$$

② 焊接连接

a. 独立基础

长插筋：

$$L_1 = 基础底板厚 - 保护层厚 - 基础底板中双向筋直径 + H_n/3$$
$$+ \max\{500, 35d\} \tag{5-12}$$

短插筋：

$$L_1 = 基础底板厚 - 保护层厚 - 基础底板中双向筋直径 + H_n/3 \tag{5-13}$$

b. 桩基

长插筋：

$$L_1 = 承台厚 - 100 \times 桩头伸入承台长 - 承台中下部双向筋直径 +$$
$$H_n/3 + \max\{500, 35d\} \tag{5-14}$$

短插筋：

$$L_1 = 承台厚 - 100 \times 桩头伸入承台长 - 承台中下部双向筋直径 + H_n/3 \tag{5-15}$$

5.2.4 底层及伸出二层楼面纵向钢筋计算

（1）绑扎搭接　柱纵筋：

$$L_1(L) = 2/3H_n + 梁高\ h + \max\{H_n/6, h_c, 500\} + l_{lE} \tag{5-16}$$

（2）焊接连接　柱纵筋：

$$L_1(L)=2/3H_n+梁高\ h+\max\{H_n/6,h_c,500\} \tag{5-17}$$

5.3 框架柱中间层纵向钢筋

5.3.1 中间层纵向钢筋构造

1. 楼层中框架柱纵筋基本构造

楼层中框架柱纵筋基本构造,如图 5-10 所示。其构造要点包括:

(1) 低位钢筋长度＝本层层高—本层下端非连接区高度+伸入上层的非连接区高度;

(2) 非连接区高度取值:楼层中 $\max\{h_n/6,$ h_c, $500\}$;基础顶面嵌固部位:$h_n/3$。

2. 框架柱中间层变截面钢筋构造

(1) 框架柱中间层变截面钢筋构造(一)。框架柱中间层变截面 $(\Delta/h_b>1/6)$,平法施工图见图 5-11,钢筋构造见图 5-12。其构造要点包括:

① $\Delta/h_b>1/6$,因此下层柱纵筋断开收头,上层柱纵筋伸入下层;

② 下层柱纵筋伸至该层顶+12d;

③ 上层柱纵筋伸入下层 1.2l_{aE}。

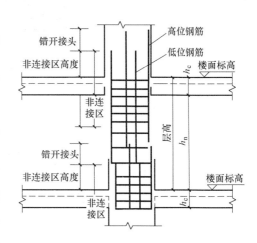

图 5-10 楼层中框架柱纵筋基本构造

层号	顶标高(m)	层高(m)	顶梁高(mm)
4	15.87	3.6	500
3	12.27	3.6	500
2	8.67	4.2	500
1	4.47	4.5	800
基础	−0.97	基础厚800mm	—

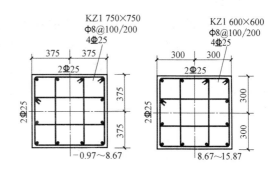

图 5-11 框架柱中间层变截面 $(\Delta/h_b>1/6)$ 平法施工图

(2) 框架柱中间层变截面钢筋构造(二)。框架柱中间层变截面 $(\Delta/h_b\leqslant1/6)$,平法施工图见图 5-13,钢筋构造见图 5-14。其构造要点主要是 $\Delta/h_b\leqslant1/6$,因此下层柱纵筋斜弯连续伸入上层,不断开。

3. 上柱钢筋比下柱钢筋根数多的钢筋构造

如果上柱钢筋比下柱钢筋根数多,平法施工图见图 5-15,钢筋构造见图 5-16。其构造要点主要是上层柱多出的钢筋伸入下层 1.2 l_{aE}(注意起算位置)。

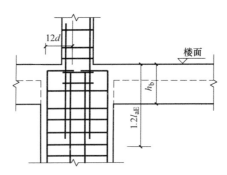

图 5-12 框架柱中间层变截面（$\Delta/h_b>1/6$）钢筋构造

层号	顶标高 (m)	层高 (m)	顶梁高(mm)
4	15.87	3.6	500
3	12.27	3.6	500
2	8.67	4.2	500
1	4.47	4.5	500
基础	-0.97	基础厚 800mm	—

图 5-13 框架柱中间层变截面（$\Delta/h_b\leqslant1/6$）平法施工图

4. 下柱钢筋比上柱钢筋根数多的钢筋构造

如果下柱钢筋比上柱钢筋根数多，平法施工图见图 5-17，钢筋构造见图 5-18。其构造要点主要是下层柱多出的钢筋伸入上层 $1.2\,l_{aE}$（注意起算位置）。

5. 上柱钢筋比下柱钢筋直径大的钢筋构造

如果上柱钢筋比下柱钢筋直径大，平法施工图见图 5-19，钢筋构造见图 5-20。其构造要点主要是上层较大直径钢筋伸入下层的上端非连接区与下层较小直径的钢筋连接。

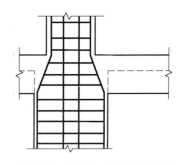

图 5-14 框架柱中间层变截面（$\Delta/h_b\leqslant1/6$）钢筋构造

层号	顶标高 (m)	层高 (m)	顶梁高 (mm)
4	15.87	3.6	500
3	12.27	3.6	500
2	8.67	4.2	500
1	4.47	4.5	500
基础	-0.97	基础厚 800mm	—

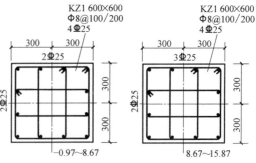

图 5-15 上柱钢筋比下柱钢筋根数多平法施工图

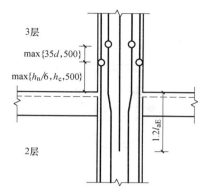

图 5-16 上柱钢筋比下柱钢筋根数多钢筋构造

层号	顶标高 (m)	层高 (m)	顶梁高 (mm)
4	15.87	3.6	500
3	12.27	3.6	500
2	8.67	4.2	500
1	4.47	4.5	500
基础	-0.97	基础厚 800mm	—

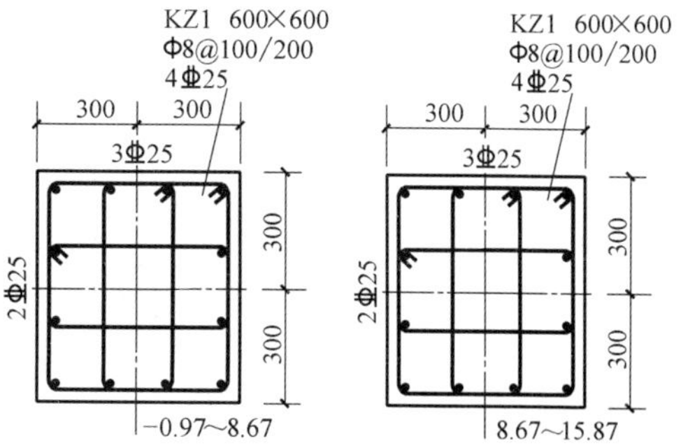

图 5-17 下柱钢筋比上柱钢筋根数多平法施工图

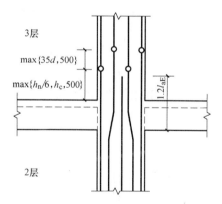

图 5-18 下柱钢筋比上柱钢筋根数多钢筋构造

6. 下柱钢筋比上柱钢筋直径大的钢筋构造

下柱钢筋直径比上柱钢筋大的节点构造，如图 5-21 所示。当两种不同直径的钢筋绑扎搭接时，按小不按大，其搭接长度按小直径的相应倍数。

5.3.2 中间层纵向钢筋

中间层纵向钢筋计算方法见表 5-4。

层号	顶标高(m)	层高(m)	顶梁高(mm)
4	15.87	3.6	500
3	12.27	3.6	500
2	8.67	4.2	500
1	4.47	4.5	500
基础	−0.97	基础厚800mm	—

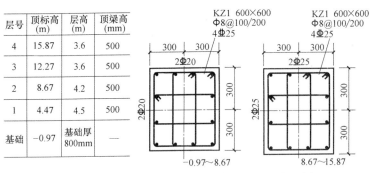

图 5-19 上柱钢筋比下柱钢筋直径大平法施工图

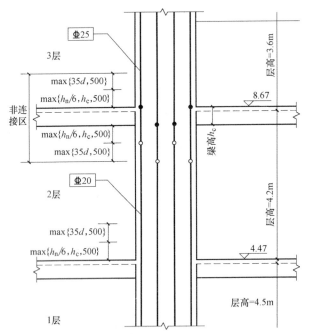

图 5-20 上柱钢筋比下柱钢筋直径大的钢筋构造

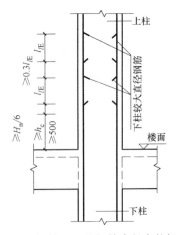

图 5-21 下柱钢筋比上柱钢筋直径大的钢筋构造

中间层纵钢筋计算 表 5-4

连接方式	计算公式
绑扎搭接	中间层层高不变时 $L_1(L)=H_n+梁高 h+l_{lE}$
	相邻中间层层高有变化时 $L_1(L)=H_{n下}-\max\{H_{n下}/6, h_c, 500\}+梁高 h+\max\{H_{n上}/6, h_c, 500\}+l_{lE}$ 式中 $H_{n下}$——相邻两层下层的净高 $\quad\quad H_{n上}$——相邻两层上层的净高
焊接连接	中间层层高不变时 $L_1(L)=H_n+梁高 h$（即层高）
	相邻中间层层高有变化时 $L_1(L)=H_{n下}-\max\{H_{n下}/6, h_c, 500\}+梁高 h+\max\{H_{n上}/6, h_c, 500\}$

5.4 框架柱顶层钢筋

5.4.1 顶层钢筋构造

1. 顶层柱类型

根据柱的平面位置，将柱分为边、中、角柱，其钢筋伸到顶层梁板的方式和长度不同，如图 5-22 所示。

2. 顶层中柱钢筋构造

（1）顶层中柱钢筋构造（一）。直锚长度$<l_{aE}$，平法施工图见图 5-23，钢筋构造见图 5-24。其构造要点主要是 $l_{aE}=40d>$ 梁高 700mm。因此，顶层中柱全部纵筋伸至柱顶弯折 12d。

（2）顶层中柱钢筋构造（二）。直锚长度$\geqslant l_{aE}$，平法施工图见图 5-25，钢筋构造见图 5-26。其构造要点主要是 $l_{aE}=40d>$ 梁高 900mm。因此，顶层中柱全部纵筋伸至柱顶直锚。

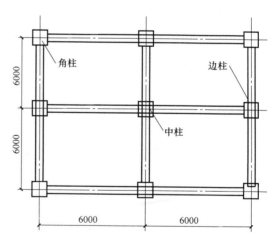

图 5-22 柱顶类型

3. 顶层边柱和角柱钢筋构造

顶层边柱和角柱的钢筋构造都要区分内侧钢筋和外侧钢筋。它们的区别是：角柱有两条外侧边，边柱只有一条外侧边。

（1）边柱和角柱柱顶纵向钢筋构造。框架柱 KZ 边柱和角柱柱顶纵向钢筋构造，见图 5-27。

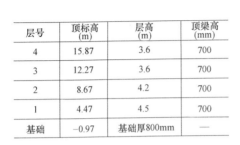
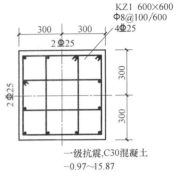

层号	顶标高 (m)	层高 (m)	顶梁高 (mm)
4	15.87	3.6	700
3	12.27	3.6	700
2	8.67	4.2	700
1	4.47	4.5	700
基础	−0.97	基础厚800mm	—

图 5-23　直锚长度 $<l_{aE}$ 平法施工图

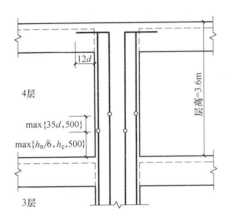

图 5-24　直锚长度 $<l_{aE}$ 顶层中柱钢筋构造

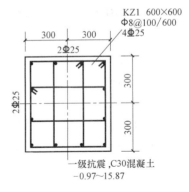

层号	顶标高 (m)	层高 (m)	顶梁高 (mm)
4	15.87	3.6	700
3	12.27	3.6	700
2	8.67	4.2	700
1	4.47	4.5	700
基础	−0.97	基础厚800mm	—

图 5-25　直锚长度 $\geqslant l_{aE}$ 平法施工图

① 图 5-27（a）节点外侧伸入梁内钢筋不小于梁上部钢筋时，可以弯入梁内作为梁上部纵向钢筋。

② 图 5-27（b）和图 5-27（c）节点，区分了外侧钢筋从梁底算起 $1.5l_{abE}$ 是否超过柱内侧边缘；没有超过的，弯折长度需 $\geqslant 15d$，总长 $\geqslant 1.5l_{abE}$。不管是否超过柱内侧边缘，

当外侧配筋率＞1.2％时，分批截断，需错开 20d。图 5-27（b）节点从梁底算起 1.5 l_{abE} 超过柱内侧边缘，图 5-27（c）节点从梁底算起 1.5l_{abE} 未超过柱内侧边缘。

③ 图 5-27（d）节点，当现浇板厚度不小于 100mm 时，也可按图 5-27（b）节点方式伸入板内锚固，且伸入板内长度不宜小于 15d。

④ 图 5-27（e）节点，梁、柱纵向钢筋搭接接头沿节点外侧直线布置。

⑤ 图 5-27（a）、图 5-27（b）、图 5-27（c）、图 5-27（d）节点应配合使用，图 5-27（d）节点不应单独使用（仅用于未伸入梁内的柱外侧纵筋锚固），伸入梁内的柱外侧纵筋不宜少于柱外侧全部纵筋面积的 65％。可选择图 5-27（b）+图 5-27（d）或图 5-27(c)＋图 5-27(d) 或图 5-27（a）+图 5-27（b）+图 5-27（d）或图 5-27（a）+图 5-27（c）+图 5-27（d）的做法。

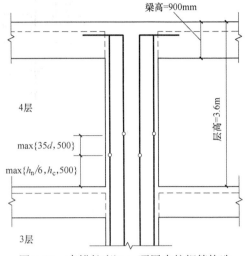

图 5-26　直锚长度≥l_{aE}顶层中柱钢筋构造

⑥ 图 5-27·(e) 节点用于梁、柱纵向钢筋接头沿节点柱顶外侧直线布置的情况，可与图 5-27（a）节点组合使用。

（2）顶层角柱钢筋构造。顶层角柱钢筋平法施工图见图 5-28，外侧钢筋与内侧钢筋分界见图 5-29，钢筋构造要点与钢筋效果见图 5-30。

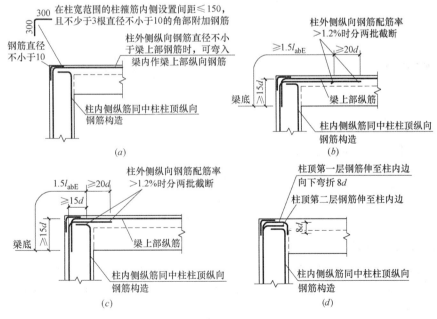

图 5-27　KZ 边柱和角柱柱顶纵向钢筋构造（一）

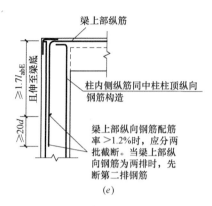

图 5-27　KZ 边柱和角柱柱顶纵向钢筋构造（二）

层号	顶标高 (m)	层高 (m)	顶梁高 (mm)
4	15.87	3.6	700
3	12.27	3.6	700
2	8.67	4.2	700
1	4.47	4.5	700
基础	−0.97	基础厚800mm	—

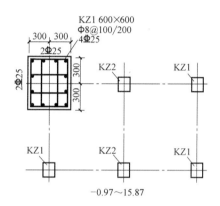

图 5-28　顶层角柱钢筋平法施工图

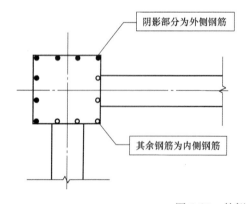

1号筋	●	不少于65%的柱外侧钢筋伸入梁内 7×65%=5(根)
2号筋	○	其余外侧钢筋中位于第一层的，伸至柱 内侧边，共1根
3号筋	●	其余外侧钢筋中位于第二层的，伸至 内侧边，共1根
4号筋	○	内侧钢筋，共5根

图 5-29　外侧钢筋与内侧钢筋分解

4. 框架柱箍筋构造

框架柱箍筋长度：矩形封闭箍筋长度＝$2\times[(b-2c+d)+(h-2c+d)]+2\times11.9d$。

（1）基础内箍筋根数（密区范围）。间距≤500mm且不少于两道矩形封闭箍筋，其构造如图 5-31 所示。

注：基础内箍筋为非复合箍。

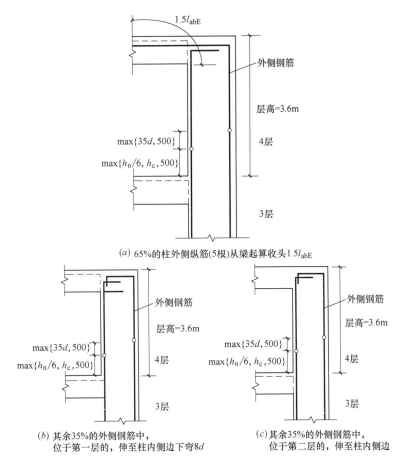

(a) 65%的柱外侧纵筋(5根)从梁起算收头1.5l_{abE}

(b) 其余35%的外侧钢筋中，
位于第一层的，伸至柱内侧边下弯8d

(c) 其余35%的外侧钢筋中，
位于第二层的，伸至柱内侧边

图 5-30　钢筋构造要点与钢筋效果图

（2）地下室框架柱箍筋根数（加密区范围）。加密区为地下室框架柱纵筋非连接区高度。

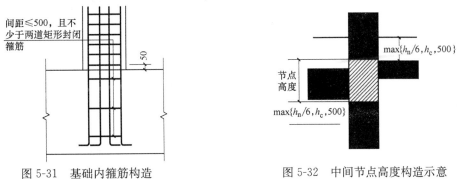

图 5-31　基础内箍筋构造

图 5-32　中间节点高度构造示意

① 中间节点高度：当与框架柱相连的框架梁高度或标高不同，注意节点高度的范围，其构造如图 5-32 所示。

② 节点区起止位置：框架柱箍筋在楼层位置分段进行布置，楼面位置起步距离为50mm，其构造如图 5-33 所示。

③ 特殊情况：短柱全高加密，见表 5-5。

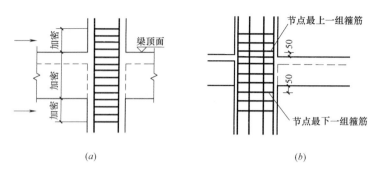

(a)　　　　　　　　　　　　　(b)

图 5-33　节点区起止位置构造示意

（a）箍筋连续布置；（b）箍筋在楼层位置分段设置

抗震框架柱和小墙肢箍筋加密区高度选用表　　　　表 5-5

柱净高 H_n(mm)	柱截面长边尺寸 h_c 或圆柱直径 D																		
	400	450	500	550	600	650	700	750	800	850	900	950	1000	1050	1100	1150	1200	1250	1300
1500																			
1800	500																		
2100	500	500	500																
2400	500	500	500	550															
2700	500	500	500	550	600	650													
3000	500	500	500	550	600	650	700												
3300	550	550	550	550	600	650	700	750	800										
3600	600	600	600	600	600	650	700	750	800	850									
3900	650	650	650	650	650	650	700	750	800	850	900	950							
4200	700	700	700	700	700	700	700	750	800	850	900	950	1000						
4500	750	750	750	750	750	750	750	750	800	850	900	950	1000	1050	1100				
4800	800	800	800	800	800	800	800	800	800	850	900	950	1000	1050	110	1150			
5100	850	850	850	850	850	850	850	850	850	850	900	950	1000	1050	1100	1150	1200	1250	
5400	900	900	900	900	900	900	900	900	900	900	900	950	1000	1050	1100	1150	1200	1250	1300
5700	950	950	950	950	950	950	950	950	950	950	950	950	1000	1050	1100	1150	1200	1250	1300
6000	1000	1000	1000	1000	1000	1000	1000	1000	1000	1000	1000	1000	1000	1050	1100	1150	1200	1250	1300
6300	1050	1050	1050	1050	1050	1050	1050	1050	1050	1050	1050	1050	1050	1050	1100	1150	1200	1250	1300
6600	1100	1100	1100	1100	1100	1100	1100	1100	1100	1100	1100	1100	1100	1100	1100	1150	1200	1250	1300
6900	1150	1150	1150	1150	1150	1150	1150	1150	1150	1150	1150	1150	1150	1150	1150	1150	1200	1250	1300
7200	1200	1200	1200	1200	1200	1200	1200	1200	1200	1200	1200	1200	1200	1200	1200	1200	1200	1250	1300

（表中右上部区域为"箍筋全高加密"）

注：1. 表内数值未包括框架嵌固部位柱根部箍筋加密区范围。

2. 柱净高（包括因嵌砌填充墙等形成的柱净高）与柱截面长边尺寸（圆柱为截面直径）的比值 $H_n/h_c \leqslant 4$ 时，箍筋沿柱全高加密。

3. 小墙肢即墙肢长度不大于墙厚 4 倍的剪力墙。矩形小墙肢的厚度不大于 300 时，筋筋全高加密。

5.4.2 中柱顶层钢筋

1. 直锚长度$<l_{aE}$

（图 5-34）

1）加工尺寸

① 绑扎搭接

长筋：

$$L_1 = H_n - \max\{H_n/6, h_c, 500\} + 0.5 l_{aE}（且伸至柱顶） \quad (5-18)$$

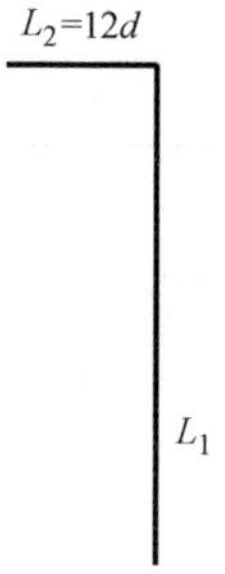

短筋：

$$L_1 = H_n - \max\{H_n/6, h_c, 500\} - 1.3 l_{lE} + 0.5 l_{aE}（且伸至柱顶） \quad (5-19)$$

图 5-34 抗震情况时的加工尺寸

② 焊接连接（机械连接与其类似）

长筋：

$$L_1 = H_n - \max\{H_n/6, h_c, 500\} + 0.5 l_{aE}（且伸至柱顶） \quad (5-20)$$

短筋：

$$L_1 = H_n - \max\{H_n/6, h_c, 500\} - \max\{500, 35d\} + 0.5 l_{aE}（且伸至柱顶） \quad (5-21)$$

2）下料长度

$$L = L_1 + L_2 - 90°量度差值 \quad (5-22)$$

2. 直锚长度$\geqslant l_{aE}$

① 绑扎搭接加工尺寸

长筋：

$$L = H_n - \max\{H_n/6, h_c, 500\} + l_{aE}（且伸至柱顶） \quad (5-23)$$

短筋：

$$L = H_n - \max(H_n/6, h_c, 500) - 1.3 l_{lE} + l_{aE}（且伸至柱顶） \quad (5-24)$$

② 焊接连接加工尺寸（机械连接与其类似）

长筋：

$$L = H_n - \max(H_n/6, h_c, 500) + l_{aE}（且伸至柱顶） \quad (5-25)$$

短筋：

$$L = H_n - \max(H_n/6, h_c, 500) - \max(500, 35d) + l_{aE}（且伸至柱顶） \quad (5-26)$$

5.4.3 边柱顶层钢筋

1. 边柱顶层钢筋加工尺寸计算

边柱顶层钢筋加工尺寸计算公式见表 5-6。

尺寸计算公式 表 5-6

情况	图			计 算 方 法
A节点形式	柱外侧筋图 L_2 L_1	不少于柱外侧筋面积的65%深入梁内		①绑扎搭接: 长筋: $L_1=H_n-\max\{H_n/6,h_c,500\}+$梁高 $h-$梁筋保护层厚 短筋: $L_1=H_n-\max\{H_n/6,h_c,500\}-1.3\,l_{lE}+$梁高 $h-$梁筋保护层厚 ②焊接连接(机械连接与其类似) 长筋: $L_1=H_n-\max\{H_n/6,h_c,500\}+$梁高 $h-$梁筋保护层厚 短筋: $L_1=H_n-\max\{H_n/6,h_c,500\}-\max\{500,35d\}+$梁高 $h-$梁筋保护层厚 绑扎搭接与焊接连接的 L_2 相同,即: $L_2=1.5\,l_{aE}-$梁高 $h+$梁筋保护层厚
		其余(<35%)柱外侧纵筋伸至柱内侧弯下	柱外侧纵筋伸至柱内侧弯下图 L_2　L_3 L_1	①绑扎搭接: 长筋: $L_1=H_n-\max\{H_n/6,h_c,500\}+$梁高 $h-$梁筋保护层厚 短筋: $L_1=H_n-\max\{H_n/6,h_c,500\}-1.3l_{lE}+$梁高 $h-$梁筋保护层厚 ②焊接连接(机械连接与其类似) 长筋: $L_1=H_n-\max\{H_n/6,h_c,500\}+$梁高 $h-$梁筋保护层厚 短筋: $L_1=H_n-\max\{H_n/6,h_c,500\}-\max\{500,35d\}+$梁高 $h-$梁筋保护层厚 绑扎搭接与焊接连接的 L_2 相同,$L_2=H_c-2\times$柱保护层厚 $L_3=8d$
	柱内侧筋图 L_2 L_1	直锚长度<l_{aE}(l_a)		①绑扎搭接:长筋 $L_1=H_n-\max\{H_n/6,h_c,500\}+$梁高 $h-$梁筋保护层厚$-(30+d)$ 短筋: $L_1=H_n-\max\{H_n/6,h_c,500\}-1.3l_{lE}+$梁高 $h-$梁筋保护层厚$-(30+d)$ ②焊接连接(机械连接与其类似) 长筋: $L_1=H_n-\max\{H_n/6,h_c,500\}+$梁高 $h-$梁筋保护层厚$-(30+d)$ 短筋: $L_1=H_n-\max\{H_n/6,h_c,500\}-\max\{500,35d\}+$梁高 $h-$梁筋保护层厚$-(30+d)$ 绑扎搭接与焊接连接的 L_2 相同,即: $L_2=12d$

续表

情况	图	计 算 方 法	
A 节点形式	柱内侧筋图 L_2 L_1	直锚长度≥ l_{aE} (l_a) (此时的 $L_2=0$)	①绑扎搭接：长筋 $L_1=H_n-\max\{H_n/6,h_c,500\}+l_{aE}$ 短筋： $L_1=H_n-\max\{H_n/6,h_c,500\}-$ $1.3l_{lE}+l_{aE}$ ②焊接连接(机械连接与其类似) 长筋： $L_1=H_n-\max\{H_n/6,h_c,500\}+l_{aE}$ 短筋： $L_1=H_n-\max\{H_n/6,h_c,500\}-\max$ $\{500,35d\}+l_{aE}$
B 节点形式	—	当顶层为现浇板，其混凝土强度等级≥C20，板厚≥8mm 时采用该节点式，其顶筋的加工尺寸计算公式与 A 节点形式对应钢筋的计算公式相同	
C 节点形式	—	当柱外侧向钢筋配料率大于 1.2%时，柱外侧纵筋分两次截断，那么柱外侧纵向钢筋长、短筋的 L_1 同 A 节点形式的柱外侧纵向钢筋长、短筋 L_1 计算。L_1 的计算方法如下。 第一次截断 $L_2=1.5l_{aE}(l_a)-$ 梁高 $h+$ 梁筋保护层厚； 第二次截断：$L_2=1.5l_{aE}(l_a)-$ 梁高 $h+$ 梁筋保护层厚$+20d$ B、C 节点形式的其他柱内纵筋加工长度计算同 A 节点形式的对应筋	
D、E 节点形式	柱外侧纵筋加工长度 L_2 L_1	①绑扎搭接 长筋 $L_1=H_n-\max\{H_n/6,h_c,500\}+$ 梁高 $h-$ 梁筋保护层厚 短筋 $L_1=H_n-\max\{H_n/6,h_c,500\}-1.3l_{lE}+$ 梁高 $h-$ 梁筋保护层厚 ②焊接连接(机械连接与其类似) 长筋： $L_1=H_n-\max\{H_n/6,h_c,500\}+$ 梁高 $h-$ 梁筋保护层厚 短筋： $L_1=H_n-\max\{H_n/6,h_c,500\}-\max\{500,35d\}+$ 梁高 $h-$ 梁筋保护层厚 绑扎搭接与焊接连接的 L_2 相同，即 $L_2=12d$ D、E 节点形式的其他柱内侧纵筋加工尺寸计算同 A 节点形式柱内侧对应筋计算	

2. 边柱顶层筋下料长度计算公式

A 节点形式中，小于 35%柱外侧纵筋伸至柱内弯下的纵筋下料长度公式为

$$L=L_1+L_2+L_3-2\times90°量度差值 \tag{5-27}$$

其他纵筋均为

$$L=L_1+L_2-90°量度差值 \tag{5-28}$$

5.4.4 角柱顶层钢筋

1. 角柱顶层筋中的第一排筋

角柱顶筋中的第一排筋可以利用边柱柱外侧筋的公式来计算。

2. 角柱顶层筋中的第二排筋

① 绑扎搭接

长筋：

$$L_1 = H_n - \max\{H_n/6, h_c, 500\} + 梁高\,h - 梁筋保护层厚 - (30+d) \tag{5-29}$$

短筋：

$$L_1 = H_n - \max\{H_n/6, h_c, 500\} - 1.3\,l_{lE} + 梁高\,h - 梁筋保护层厚 - (30+d) \tag{5-30}$$

② 焊接连接（机械连接与其类似）

长筋：

$$L_1 = H_n - \max\{H_n/6, h_c, 500\} + 梁高\,h - 梁筋保护层厚 - (30+d) \tag{5-31}$$

短筋：

$$L_1 = H_n - \max\{H_n/6, h_c, 500\} - \max\{500, 35d\} + 梁高\,h - 梁筋保护层厚 - (30+d) \tag{5-32}$$

绑扎搭接与焊接连接的 L_2 相同，即：

$$L_2 = 1.5\,l_{aE} - 梁高\,h + 梁筋保护层厚 + (30+d) \tag{5-33}$$

3. 角柱顶筋中的第三排筋 [直锚长度 $<l_{aE}$，即有水平筋]

① 绑扎搭接

长筋：

$$L_1 = H_n - \max\{H_n/6, h_c, 500\} + 梁高\,h - 梁筋保护层厚 - 2\times(30+d) \tag{5-34}$$

短筋：

$$L_1 = H_n - \max\{H_n/6, h_c, 500\} - 1.3\,l_{lE} + 梁高\,h - 梁筋保护层厚 - 2\times(30+d) \tag{5-35}$$

② 焊接连接（机械连接与其类似）

长筋：

$$L_1 = H_n - \max\{H_n/6, h_c, 500\} + 梁高\,h - 梁筋保护层厚 - 2\times(30+d) \tag{5-36}$$

短筋：

$$L_1 = H_n - \max\{H_n/6, h_c, 500\} - \max\{500, 35d\} + 梁高\,h - 梁筋保护层厚 - 2\times(30+d) \tag{5-37}$$

绑扎搭接与焊接连接的 L_2 相同，即：

$$L_2 = 12d \tag{5-38}$$

若此时直锚长度 $\geqslant l_{aE}$，即无水平筋，那么其筋计算与边柱柱内侧筋在直锚长度 $\geqslant l_{aE}$ 时的情况一样。

4. 角柱顶筋中的第四排筋 [直锚长度 $<l_{aE}$，即有水平筋]

① 绑扎搭接

长筋：

$$L_1 = H_n - \max\{H_n/6, h_c, 500\} + 梁高\,h - 梁筋保护层厚 - 3\times(30+d) \tag{5-39}$$

短筋：

$$L_1 = H_n - \max\{H_n/6, h_c, 500\} - 1.3\,l_{lE} + 梁高\,h - 梁筋保护层厚 - 3\times(30+d) \tag{5-40}$$

② 焊接连接（机械连接与其类似）

长筋：
$$L_1 = H_n - \max\{H_n/6, h_c, 500\} + 梁高\ h - 梁筋保护层厚 - 3\times(30+d) \tag{5-41}$$

短筋：
$$L_1 = H_n - \max\{H_n/6, h_c, 500\} - \max\{500, 35d\} + 梁高\ h - 梁筋保护层厚 - 3\times(30+d) \tag{5-42}$$

绑扎搭接与焊接连接的 L_2 相同，即：
$$L_2 = 12d \tag{5-43}$$

若此时直锚长度 $\geq l_{aE}$，即无水平筋，那么其筋计算与边柱柱内侧筋在直锚长度 $\geq l_{aE}$ 时的情况一样。

5.5 框架柱中钢筋计算实例

【例 5-1】 计算框架柱 KZ1 的基础插筋。KZ1 的截面尺寸为 750mm×700mm，柱纵筋为 22Φ22，混凝土强度等级为 C30，二级抗震等级。

假设该建筑物具有层高为 4.10m 的地下室。地下室下面是"正筏板"基础（即"低板位"的有梁式筏形基础，基础梁底和基础板底一平）。地下室顶板的框架梁仍然采用 KL1（300mm×700mm）。基础主梁的截面尺寸为 700mm×800mm，下部纵筋为 8Φ22。筏板的厚度为 500mm，筏板的纵向钢筋都是 $\phi18@200$（图 5-35）。

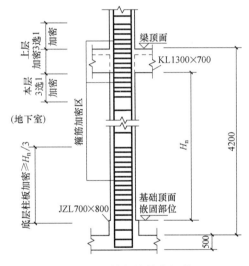

图 5-35 筏板的纵向钢筋

计算框架柱基础插筋伸出基础梁顶面以上的长度、框架柱基础插筋的直锚长度及框架柱基础插筋的总长度。

【解】 （1）计算框架柱基础插筋伸出基础梁顶面以上的长度

已知：地下室层高=4100mm，地下室顶框架梁高700mm，基础主梁高800mm，筏板厚度500mm，所以

地下室框架柱净高 $H_n = 4100-700-(800-500) = 3100$mm

框架柱基础插筋（短筋）伸出长度（$H_n/3$）=3100/3=1033mm，则：

框架柱基础插筋（长筋）伸出长度=1033+35×22=1803mm

（2）计算框架柱基础插筋的直锚长度

已知：基础主梁高度为800mm，基础主梁下部纵筋直径为22mm，筏板下层纵筋直径为16mm，基础保护层为40mm，所以

框架柱基础插筋直锚长度＝800－22－16－40＝722mm

（3）框架柱基础插筋的总长度

框架柱基础插筋的垂直段长度（短筋）＝1033＋722＝1755mm

框架柱基础插筋的垂直段长度（长筋）＝1803＋722＝2525mm

因为 $l_{aE}=40d=40\times22=880$mm

而 现在的直锚长度＝722＜l_{aE}，所以

框架柱基础插筋的弯钩长度＝$15d=15\times22=330$mm

框架柱基础插筋（短筋）的总长度＝1755＋330＝2085mm

框架柱基础插筋（长筋）的总长度＝2525＋330＝2855mm

【例5-2】 已知：三级抗震楼层中柱，钢筋直径为18mm，混凝土C30，梁高600mm，梁保护层22mm，柱净高2400mm，柱宽450mm。求纵向梁筋的长 l_1 和 l_2 的加工、下料尺寸。

【解】 长 l_1＝层高－max｛柱净高/6，柱宽，500｝－梁保护层

＝2400＋600－max｛240/6,450,500｝－22

＝2400＋600－500－22

＝2478mm

短 l_1＝层高－max｛柱净高/6，柱宽，500｝－max｛35d，500｝－梁保护层

＝2400＋600－max｛2400/6,450,500｝－max｛630,500｝－22

＝2400＋600－500－630－22

＝1848mm

梁高－梁保护层＝600－22＝578mm

三级抗震,d＝18mm，C30 时，$l_{aE}=30d=540$mm

因为（梁高－梁保护层）≥l_{aE}

所以 $l_2=0$

无需弯有水平段的梁筋 l_2。

因此，长 l_1、短 l_2 的下料长度分别等于自身。

习 题

1. 试计算长、短钢筋的下料长度。某三级抗震框架柱采用 C30，HRB335 级钢筋制作，钢筋直径 d＝25mm，底梁高度为 450mm，柱净高 5000mm，保护层为 25mm。

第6章　剪力墙钢筋下料

6.1　剪力墙钢筋识读

某工程标高−0.30～12.270m剪力墙平法施工图如图 6-1 所示，剪力墙梁、墙身、柱钢筋表见表 6-1～表 6-3。

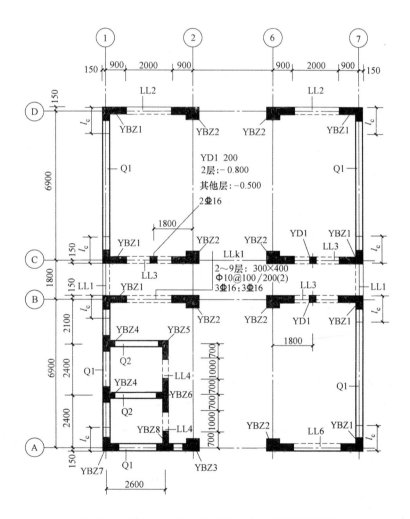

图 6-1　标高−0.030～12.270m 剪力墙平法施工图

剪力墙梁表 表 6-1

编号	所在楼层号	梁顶相对标高高差	梁截面 $b \times h$	上部纵筋	下部纵筋	箍筋
LL1	2～9	0.800	300×2000	4Φ25	4Φ25	Φ10@100(2)
	10～16	0.800	250×2000	4Φ22	4Φ22	Φ10@100(2)
	屋面1		250×1200	4Φ20	4Φ20	Φ10@100(2)
LL2	3	−1.200	300×2520	4Φ25	4Φ25	Φ10@150(2)
	4	−0.900	300×2070	4Φ25	4Φ25	Φ10@150(2)
	5～9	−0.900	300×1770	4Φ25	4Φ25	Φ10@150(2)
	10～屋面1	−0.900	250×1770	4Φ22	4Φ22	Φ10@150(2)
LL3	2		300×2070	4Φ25	4Φ25	Φ10@100(2)
	3		300×1770	4Φ25	4Φ25	Φ10@100(2)
	4～9		300×1170	4Φ25	4Φ25	Φ10@100(2)
	10～屋面1		250×1170	4Φ22	4Φ22	Φ10@100(2)
LL4	2		250×2070	4Φ20	4Φ20	Φ10@120(2)
	3		250×1770	4Φ20	4Φ20	Φ10@120(2)
	4～屋面1		250×1170	4Φ20	4Φ20	Φ10@120(2)
AL1	2～9		300×600	3Φ20	3Φ20	Φ8@150(2)
	10～16		250×500	3Φ18	3Φ18	Φ8@150(2)
BKL1	屋面1		500×750	4Φ22	4Φ22	Φ10@150(2)

剪力墙身表 表 6-2

编号	标高	墙厚	水平分布筋	垂直分布筋	拉筋(双向)
Q1	−0.030～30.270	300	Φ12@200	Φ12@200	Φ6@600@600
	30.270～59.070	250	Φ10@200	Φ10@200	Φ6@600@600
Q2	−0.030～30.270	250	Φ10@200	Φ10@200	Φ6@600@600
	30.270～59.070	200	Φ10@200	Φ10@200	Φ6@600@600

剪力墙平法施工图（部分剪力墙柱表） 表 6-3

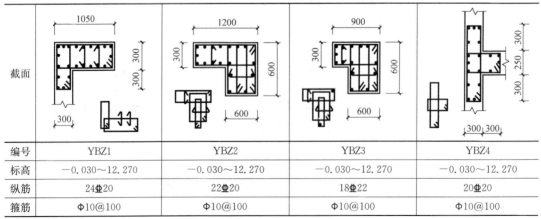

截面				
编号	YBZ1	YBZ2	YBZ3	YBZ4
标高	−0.030～12.270	−0.030～12.270	−0.030～12.270	−0.030～12.270
纵筋	24Φ20	22Φ20	18Φ22	20Φ20
箍筋	Φ10@100	Φ10@100	Φ10@100	Φ10@100

续表

截面	550 / 250 / 825 / 250 (图)	250 / 300 / 250 / 1400 (图)	300 / 600 / 600 / 300 (图)
编号	YBZ5	YBZ6	YBZ7
标高	$-0.030\sim12.270$	$-0.030\sim12.270$	$-0.030\sim12.270$
纵筋	20Φ20	28Φ20	16Φ20
箍筋	$\phi10@100$	$\phi10@100$	$\phi10@100$

1. 剪力墙钢筋的平法表示

剪力墙平法施工图系在剪力墙平面布置图上采用列表注写方式或截面注写方式表达。在施工图中大多采用列表注写方式。

（1）列表注写方式

剪力墙可视为由剪力墙柱、剪力墙身和剪力墙梁组成。列表注写方式是分别在剪力墙柱表、剪力墙身表和剪力墙梁表中，分别列对应剪力墙平面图上的编号，绘制截面配筋图并注写几何尺寸与配筋具体数值的方式来表达剪力墙平法施工图。

1）编号规定：将剪力墙按剪力墙柱、剪力墙身、剪力墙梁（简称为墙柱、墙身、墙梁）三类构件分别编号。

① 墙柱编号，由墙柱类型代号和序号组成，表达形式应符合表 6-4 的规定。

墙柱编号 　　　　　　　　　　　　　　　　　　　　　表 6-4

墙柱类型	代号	序号	墙柱类型	代号	序号
约束边缘构件	YBZ	××	非边缘暗柱	AZ	××
构造边缘构件	GBZ	××	扶壁柱	FBZ	××

注：约束边缘构件包括约束边缘暗柱、约束边缘端柱、约束边缘翼墙、约束边缘转角墙四种（见图 6-2）。构造边缘构件包括构造边缘暗柱、构造边缘端柱、构造边缘翼墙、构造边缘转角墙四种（见图 6-3）。

② 墙身编号，由墙身代号、序号以及墙身所配置的水平与竖向分布钢筋的排数组成，其中，排数注写在括号内。表达形式为：

Q××（×排）

注：1. 在编号中，如若干墙柱的截面尺寸与配筋均相同，仅截面与轴线的关系不同时，可将其编为同一墙柱号；又如若干墙身的厚度尺寸和配筋均相同，仅墙厚与轴线的关系不同或墙身长度不同时，也可将其编为同一墙身号，但应在图中注明与轴线的几何关系。

2. 当墙身所设置的水平与竖向分布钢筋的排数为 2 时可不注。

3. 对于分布钢筋网的排数规定：当剪力墙厚度不大于 400mm 时，应配置双排；当剪力墙厚度大于 400mm，但不大于 700mm 时，宜配置三排；当剪力墙厚度大于 700mm 时，宜配置四排。各排水平分布钢筋和竖向分布钢筋的直径与间距宜保持一致。

4. 当剪力墙配置的分布钢筋多于两排时，剪力墙拉筋两端应同时勾住外排水平纵筋和竖向纵筋，还应与剪力墙内排水平纵筋和竖向纵筋绑扎在一起。

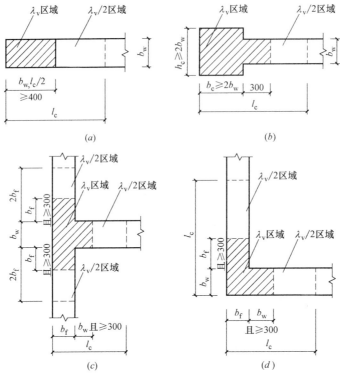

图 6-2　约束边缘构件

（a）约束边缘暗柱；（b）约束边缘端柱；（c）约束边缘翼墙；（d）约束边缘转角墙

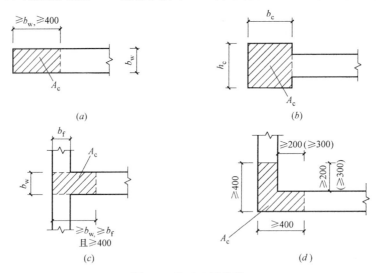

图 6-3　构造边缘构件

（a）构造边缘暗柱；（b）构造边缘端柱；（c）构造边缘翼墙；（d）构造边缘转角墙

注：括号中数值用于高层建筑。

③ 剪力墙墙梁编号，由墙梁类型代号和序号组成，表达形式应符合表 6-5 的规定。

墙梁编号

表 6-5

墙 梁 类 型	代号	序号	墙 梁 类 型	代号	序号
连梁	LL	××	连梁(跨高比不小于5)	LLK	××
连梁(对角暗撑配筋)	LL(JC)	××	暗梁	AL	××
连梁(交叉斜筋配筋)	LL(JX)	××	边框梁	BKL	××
连梁(集中对角斜筋配筋)	LL(DX)	××			

注：1. 在具体工程中，当某些墙身需设置暗梁或边框梁时，宜在剪力墙平法施工图中绘制暗梁或边框梁的平面布置图并编号，以明确其具体位置。

2. 跨高比不小于 5 的连梁按框架梁设计时，代号为 LLR。

2) 在剪力墙柱表中表达的内容，规定如下：

注写墙柱编号（见表 6-4），绘制该墙柱的截面配筋图，标注墙柱几何尺寸。

① 约束边缘构件（见图 6-2）需注明阴影部分尺寸。

注：剪力墙平面布置图中应注明约束缘边构件沿墙肢长度 l_c（约束边缘翼墙中沿墙肢长度尺寸为 $2b_f$ 时不可注）。

② 构造边缘构件（见图 6-3）需注明阴影部分尺寸。

③ 扶壁柱及非边缘暗柱需标注几何尺寸。

注写各段墙柱的起止标高，自墙柱根部往上以变截面位置或截面未变但配筋改变处为界分段注写。墙柱根部标高一般指基础顶面标高（部分框支剪力墙结构则指框支梁顶面标高）。

注写各段墙柱的纵向钢筋和箍筋，注写值应与在表中绘制的截面配筋图对应一致。纵向钢筋注总配筋值，墙柱箍筋的注写方式与柱箍筋相同。

设计施工时应注意：在剪力墙平面布置图中需注写约束边缘构件非阴影区内布置的拉筋或箍筋直径，与阴影区箍筋直径相同时，可不注。

当约束边缘构件体积配箍率计算中计入墙身水平分布钢筋时，设计者应注明。施工时，墙身水平分布钢筋应注意采用相应的构造做法。

约束边缘构件非阴影区拉筋是沿剪力墙竖向分布钢筋逐根设置。施工时应注意，非阴影区外圈设置箍筋时，箍筋应包住阴影区内第二列竖向纵筋。当设计采用与本构件详图不同的做法时，应另行注明。

当非底部加强部位构造边缘构件不设置外圈封闭箍筋时，设计者应注明。施工时，墙身水平分布钢筋应注意采用相应的构造做法。

3) 在剪力墙身表中表达的内容，规定如下：

① 注写墙身编号（含水平与竖向分布钢筋的排数），见本章本节 (1) 1) ②规定。

② 注写各段墙身起止标高，自墙身根部往上以变截面位置或截面未变但配筋改变处为界分段柱写。墙身根部标高一般指基础顶面标高（部分框支剪力墙结构则为框支梁的顶面标高）。

③ 注写水平分布钢筋、竖向分布钢筋和拉结筋的具体数值。注写数值为一排水平分布钢筋和竖向分布钢筋的规格与间距，具体设置几排已经在墙身编号后面表达。

拉结筋应注明布置方式"矩形"或"梅花"布置，用于剪力墙分布钢筋的拉结，见图 6-4（图中 a 为竖向分布钢筋间距，b 为水平分布钢筋间距）。

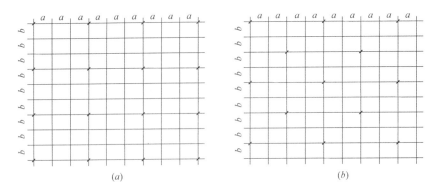

(a)
(b)

图 6-4 拉结筋设置示意

（a）拉结筋@3a3b 矩形（a≤200、b≤200）；（b）拉结筋@4a4b 梅花（a≤150、b≤150）

4）在剪力墙梁中表达的内容，规定如下：

① 注写墙梁编号，见表 6-5。

② 注写墙梁所在楼层号。

③ 注写墙梁顶面标高高差，系指相对于墙梁所在结构层楼面标高的高差值。高于者为正值，低于者为负值，当无高差时不注。

④ 注写墙梁截面尺寸 $b \times h$，上部纵筋、下部纵筋和箍筋的具体数值。

⑤ 当连梁设有对角暗撑时［代号为 LL(JC)××］，注写暗撑的截面尺寸（箍筋外皮尺寸）；注写一根暗撑的全部纵筋，并标注 ×2 表明有两根暗撑相互交叉；注写暗撑箍筋的具体数值。

⑥ 当连梁设有交叉斜筋时［代号为 LL(JC)××］，注写连梁一侧对角斜筋的配筋值，并标注 ×2 表明对称设置；注写对角斜筋在连梁端部设置的拉筋根数、强度级别及直径，并标注 ×4 表示四个角都设置；注写连梁一侧折线筋配筋值，并标注 ×2 表明对称设置。

⑦ 当连梁设有集中对角斜筋时［代号为 LL(DC)××］，注写一条对角线上的对角斜筋，并标注 ×2 表明对称设置。

⑧ 跨高比不小于 5 的连梁，按框架梁设计时（代号为 LLk××），采用平面注写方式，注写规则同框架梁，可采用适当比例单独绘制，也可与剪力墙平法施工图合并绘制。

墙梁侧面纵筋的设置，当墙身水平分布钢筋满足连梁、暗梁及边框梁的梁侧面纵向构造钢筋的要求时，该筋设置同墙身水平分布钢筋，表中不注，施工按标准构造详图的要求即可。当墙身水平分布钢筋不满足连梁、暗梁及边框梁的梁侧面纵向构造钢筋的要求时，应在表中补充注明梁侧面纵筋的具体数值；当为 LLk 时，平面注写方式以大写字母"N"打头。梁侧面纵向钢筋在支座内锚固要求同连梁中受力钢筋。

2. 剪力墙钢筋识读

在剪力墙中，根据结构或构造上的需要，加设箍筋，成为暗柱，如图 6-5 所示。

如果在墙的尽端厚度加宽，添加纵筋加设箍筋，这就是端柱，如图 6-5（f）所示。在外表形式上，是墙的一部分，没有区别。虽然暗柱箍和端柱箍与柱箍在形式上不同，但是，仍可以利用柱箍的计算方法来计算暗柱箍和端柱箍。以图 6-5（a）为例，其尺寸 H_1 和 B_1 可以看作是矩形截面柱模板尺寸的高和宽，即 H_1 和 B_1 代替柱中的 H 和 B，按照计算柱箍的方法计算。

端柱的计算同上，如图 6-5（f）所示 H_1、H_2、B_1 和 B_2 与如图 6-5（a）所示 H、B 的计算相同，端柱中局部箍筋的计算方法与柱中箍筋的计算方法相同，已知 P_b、Q_b 或 P_h、Q_h，即可进行计算。

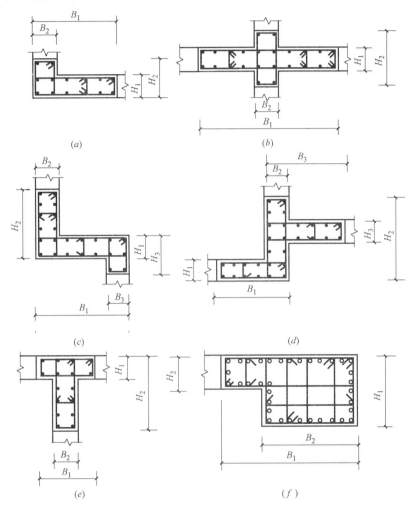

图 6-5　剪力墙中箍筋

6.2　墙身下料方法

6.2.1　剪力墙墙身水平钢筋

1. 端部无暗柱时剪力墙水平分布筋计算

（1）水平筋锚固（一）-直筋（图 6-6）

加工尺寸及下料长度：

$$L = L_1 = 墙长 N - 2 \times 设计值 \tag{6-1}$$

（2）水平筋锚固（一）-U形筋（图6-6）

加工尺寸：

$$L_1 = 设计值 + l_{lE} - 保护层厚 \tag{6-2}$$

$$L_2 = 墙厚 M - 2 \times 保护层厚 \tag{6-3}$$

下料长度：

$$L = 2L_1 + L_2 - 2 \times 90° 量度差值 \tag{6-4}$$

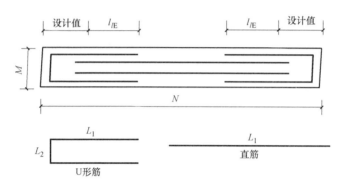

图6-6 端部无暗柱时剪力墙水平筋锚固（一）示意

（3）水平筋锚固（二）（图6-7）

加工尺寸：

$$L_1 = 墙长 N - 2 \times 保护层厚 \tag{6-5}$$

$$L_2 = 15d \tag{6-6}$$

下料长度：

$$L = L_1 + L_2 - 90° 量度差值 \tag{6-7}$$

2. 端部有暗柱时剪力墙水平分布筋计算

端部有暗柱时剪力墙水平分布筋锚固，如图6-8所示。

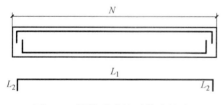

图6-7 端部无暗柱时剪力墙水
平筋锚固（二）示意

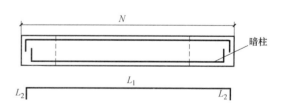

图6-8 端部有暗柱时剪力墙水平分布筋锚固示意

加工尺寸：

$$L_1 = 墙长 N - 2 \times 保护层厚 - 2d \tag{6-8}$$

其中，d 为竖向纵筋直径。

$$L_1 = 15d \tag{6-9}$$

下料长度：

$$L=L_1+L_2-90°量度差值 \qquad (6\text{-}10)$$

3. 端部为墙的 L 形墙的水平分布筋计算

两端为墙的 L 形墙的水平分布筋锚固，如图 6-9 所示。

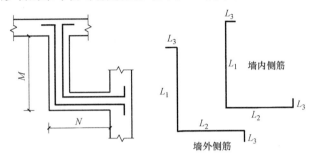

图 6-9　两端为 L 形墙的水平分布筋锚固示意

（1）墙外侧筋

加工尺寸：

$$L_1=M-保护层厚+0.4l_{aE}伸至对边 \qquad (6\text{-}11)$$

$$L_2=N-保护层厚+0.4l_{aE}伸至对边 \qquad (6\text{-}12)$$

$$L_3=15d \qquad (6\text{-}13)$$

下料长度：

$$L=L_1+L_2+2L_3-3×90°量度差值 \qquad (6\text{-}14)$$

（2）墙内侧筋

加工尺寸：

$$L_1=M-墙厚+保护层厚+0.4l_{aE}伸至对边 \qquad (6\text{-}15)$$

$$L_2=N-墙厚+保护层厚+0.4l_{aE}伸至对边 \qquad (6\text{-}16)$$

$$L_3=15d \qquad (6\text{-}17)$$

下料长度：

$$L=L_1+L_2+2L_3-3×90°量度差值 \qquad (6\text{-}18)$$

4. 闭合墙水平分布筋计算

闭合墙水平分布筋锚固示意图，如图 6-10 所示。

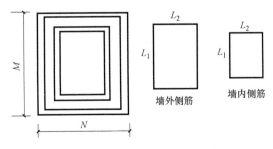

图 6-10　闭合墙水平分布筋锚固示意

（1）墙外侧筋

加工尺寸：

$$L_1 = M - 2 \times 保护层厚 \tag{6-19}$$

$$L_1 = N - 2 \times 保护层厚 \tag{6-20}$$

下料长度：

$$L = 2L_1 + 2L_2 - 4 \times 90°量度差值 \tag{6-21}$$

（2）墙内侧筋

加工尺寸：

$$L_1 = M - 墙厚 + 2 \times 保护层厚 + 2d \tag{6-22}$$

$$L_1 = N - 墙厚 + 2 \times 保护层厚 + 2d \tag{6-23}$$

下料长度：

$$L = 2L_1 + 2L_2 - 4 \times 90°量度差值 \tag{6-24}$$

5. 两端为转角墙的外墙水平分布筋计算

两端为转角墙的外墙水平分布筋锚固，如图6-11所示。

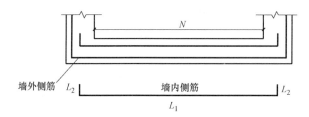

图6-11 两端为转角墙的外墙水平分布筋锚固示意

（1）墙内侧筋

加工尺寸：

$$L_1 = 墙长 N + 2 \times 0.4l_{aE} 伸至对边 \tag{6-25}$$

$$L_2 = 15d \tag{6-26}$$

下料长度：

$$L = L_1 + 2L_2 - 2 \times 90°量度差值 \tag{6-27}$$

（2）墙外侧筋

墙外侧水平分布筋的计算方法同闭合墙水平分布筋外侧筋计算。

6. 两端为墙的U形墙的水平分布筋计算

两端为墙的U形墙水平分布筋锚固如图6-12所示。

（1）墙外侧筋

加工尺寸：

$$L_1 = M - 保护层厚 + 0.4l_{aE} 伸至对边 \tag{6-28}$$

$$L_2 = 墙长 N - 2 \times 保护层厚 \tag{6-29}$$

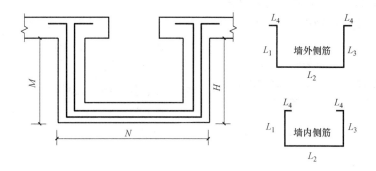

图 6-12 两端为墙的 U 形墙的水平分布筋锚固示意

$$L_3 = H - 保护层厚 + 0.4l_{aE} 伸至对边 \qquad (6\text{-}30)$$
$$L_4 = 15d \qquad (6\text{-}31)$$

下料长度：

$$L = L_1 + L_2 + L_3 + 2L_4 - 4 \times 90° 量度差值 \qquad (6\text{-}32)$$

（2）墙内侧筋

加工尺寸：

$$L_1 = M - 墙厚 + 保护层厚 + 0.4l_{aE} 伸至对边 \qquad (6\text{-}33)$$
$$L_2 = 墙长 N - 2 \times 墙厚 + 2 \times 保护层厚 \qquad (6\text{-}34)$$
$$L_3 = H - 墙厚 + 保护层厚 + 0.4l_{aE} 伸至对边 \qquad (6\text{-}35)$$
$$L_4 = 15d \qquad (6\text{-}36)$$

下料长度：

$$L = L_1 + L_2 + L_3 + 2L_4 - 4 \times 90° 量度差值 \qquad (6\text{-}37)$$

7. 两端为墙的室内墙的水平分布筋计算

两端为墙的室内墙水平分布筋锚固，如图 6-13 所示。

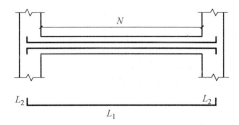

图 6-13 两端为墙的室内墙的水平分布筋锚固示意

加工尺寸：

$$L_1 = 墙长 N + 2 \times 0.4l_{aE} 伸至对边 \qquad (6\text{-}38)$$
$$L_2 = 15d \qquad (6\text{-}39)$$

下料长度：

$$L = L_1 + 2L_2 - 2 \times 90° 量度差值 \qquad (6\text{-}40)$$

8. 一端为柱、另一端为墙的外墙内侧水平分布筋计算

一端为柱、另一端为墙的外墙内侧水平分布筋锚固，如图 6-14 所示。

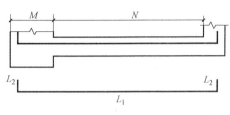

图 6-14 一端为柱、另一端为墙的外墙内侧
水平分布筋锚固示意

（1）内侧水平分布筋在端柱中弯锚

如图 6-14 所示，$M-$ 保护层厚 $<l_{aE}$ 时，内侧水平分布筋在端柱中弯锚。

加工尺寸：

$$L_1 = 墙长\ N + 2 \times 0.4 l_{aE} 伸至对边 \quad (6-41)$$

$$L_2 = 15d \quad (6-42)$$

下料长度：

$$L = L_1 + 2L_2 - 2 \times 90°量度差值 \quad (6-43)$$

（2）内侧水平分布筋在端柱中直锚

如图 6-14 所示，$M-$ 保护层厚 $>l_{aE}$ 时，内侧水平分布筋在端柱中直锚，这时钢筋左侧没有 L_2。

加工尺寸：

$$L_1 = 墙长\ N + 0.4 l_{aE} 伸至对边 + l_{aE} \quad (6-44)$$

$$L_2 = 15d \quad (6-45)$$

下料长度：

$$L = L_1 + L_2 - 90°量度差值 \quad (6-46)$$

9. 两端为柱的 U 形外墙的水平分布筋计算

两端为柱的 U 形外墙水平分布筋锚固如图 6-15 所示。

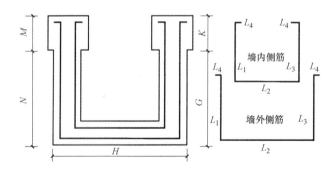

图 6-15 两端为柱的 U 形外墙的水平分布筋锚固示意

（1）墙外侧水平分布筋计算

1）墙外侧水平分布筋在端柱中弯锚。如图 6-15 所示，$M-$ 保护层厚 $<l_{aE}$ 及 $K-$ 保护层厚 $<l_{aE}$ 时，外侧水平分布筋在端柱中弯锚。

加工尺寸：

$$L_1 = N + 0.4 l_{aE} 伸至对边 - 保护层厚 \quad (6-47)$$

$$L_2 = 墙长\ H - 2 \times 保护层厚 \tag{6-48}$$

$$L_3 = G + 0.4l_{aE}伸至对边 - 保护层厚 \tag{6-49}$$

$$L_4 = 15d \tag{6-50}$$

下料长度：

$$L = L_1 + L_2 + L_3 + 2L_4 - 4 \times 90°量度差值 \tag{6-51}$$

2）墙外侧水平分布筋在端柱中直锚。如图 6-16 所示，M—保护层厚$>l_{aE}$及 K—保护层厚$>l_{aE}$时，外侧水平分布筋在端柱中直锚，该处没有 L_4。

加工尺寸：

$$L_1 = N + l_{aE} - 保护层厚 \tag{6-52}$$

$$L_2 = 墙长\ H - 2 \times 保护层厚 \tag{6-53}$$

$$L_3 = G + l_{aE} - 保护层厚 \tag{6-54}$$

下料长度：

$$L = L_1 + L_2 + L_3 - 2 \times 90°量度差值 \tag{6-55}$$

（2）墙内侧水平分布筋计算

1）墙内侧水平分布筋在端柱中弯锚。如图 6-15 所示，M—保护层厚$<l_{aE}$及 K—保护层厚$<l_{aE}$时，外侧水平分布筋在端柱中弯锚。

加工尺寸：

$$L_1 = N + 0.4l_{aE}伸至对边 - 墙厚 + 保护层厚 + d \tag{6-56}$$

$$L_2 = 墙长\ H - 2 \times 墙厚 + 2 \times 保护层厚 + 2d \tag{6-57}$$

$$L_3 = G + 0.4l_{aE}伸至对边 - 墙厚 + 保护层厚 + d \tag{6-58}$$

$$L_4 = 15d \tag{6-59}$$

下料长度：

$$L = L_1 + L_2 + L_3 + 2L_4 - 4 \times 90°量度差值 \tag{6-60}$$

2）墙内侧水平分布筋在端柱中直锚。如图 6-16 所示，M—保护层厚$>l_{aE}$及 K—保护层厚$>l_{aE}$时，外侧水平分布筋在端柱中直锚，该处没有 L_4。

加工尺寸：

$$L_1 = N + l_{aE}伸至对边 - 墙厚 + 保护层厚 + d \tag{6-61}$$

$$L_2 = 墙长\ H - 2 \times 墙厚 + 2 \times 保护层厚 + 2d \tag{6-62}$$

$$L_3 = G + l_{aE} - 墙厚 + 保护层厚 + d \tag{6-63}$$

下料长度：

$$L = L_1 + L_2 + L_3 - 2 \times 90°量度差值 \tag{6-64}$$

注：剪力墙中的拉筋计算同框架梁中的拉筋计算。

10. 一端为柱、另一端为墙的 L 形外墙水平分布筋计算

一端为柱、另一端为墙的 L 形外墙水平分布筋锚固如图 6-16 所示。

（1）墙外侧水平分布筋计算

1）墙外侧水平分布筋在端柱中弯锚。如图 6-16 所示，M—保护层厚$<l_{aE}$时，外侧水

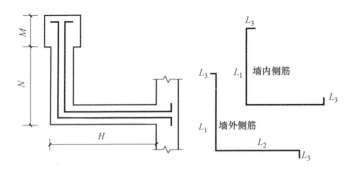

图 6-16 一端为柱、另一端为墙的 L 形外墙水平分布筋锚固示意

平分布筋在端柱中弯锚。

加工尺寸：

$$L_1 = N + 0.4l_{aE} 伸至对边 - 保护层厚 \tag{6-65}$$

$$L_2 = 墙长 H + 0.4l_{aE} 伸至对边 - 保护层厚 \tag{6-66}$$

$$L_3 = 15d \tag{6-67}$$

下料长度：

$$L = L_1 + L_2 + 2L_3 - 3 \times 90°量度差值 \tag{6-68}$$

2）墙外侧水平分布筋在端柱中直锚。如图 6-16 所示，$M -$ 保护层厚 $> l_{aE}$ 时，外侧水平分布筋在端柱中直锚，该处无 L_3。

加工尺寸：

$$L_1 = N + l_{aE} - 保护层厚 \tag{6-69}$$

$$L_2 = 墙长 H + 0.4l_{aE} 伸至对边 - 保护层厚 \tag{6-70}$$

下料长度：

$$L = L_1 + L_2 + - 2 \times 90°量度差值 \tag{6-71}$$

（2）墙内侧水平分布筋计算

1）墙内侧水平分布筋在端柱中弯锚。如图 6-16 所示，$M -$ 保护层厚 $< l_{aE}$ 时，内侧水平分布筋在端柱中弯锚。

加工尺寸：

$$L_1 = N + 0.4l_{aE} 伸至对边 - 墙厚 + 保护层厚 + d \tag{6-72}$$

$$L_2 = 墙长 H + 0.4l_{aE} 伸至对边 - 墙厚 + 保护层厚 + d \tag{6-73}$$

$$L_3 = 15d \tag{6-74}$$

下料长度：

$$L = L_1 + 2L_2 + - 3 \times 90°量度差值 \tag{6-75}$$

2）墙内侧水平分布筋在端柱中直锚。如图 6-16 所示，$M -$ 保护层厚 $> l_{aE}$ 时，外侧水平分布筋在端柱中直锚，该处无 L_3。

加工尺寸：

$$L_1 = N + l_{aE} 伸至对边 - 墙厚 + 保护层厚 + d \tag{6-76}$$

$$L_2＝墙长 H＋0.4l_{aE}伸至对边－墙厚＋保护层厚＋d \tag{6-77}$$

下料长度：

$$L＝L_1＋L_2－2×90°量度差值 \tag{6-78}$$

6.2.2 剪力墙墙身竖向钢筋

剪力墙竖向分布筋如图 6-17 所示。

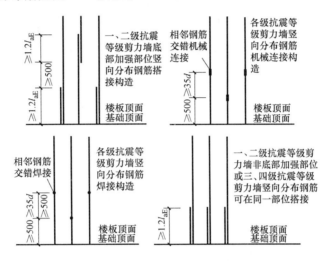

图 6-17　剪力墙竖向分布钢筋连接构造

1. 边墙墙身外侧和中墙顶层竖向筋

由于长、短筋交替放置，所以有长 L_1 和短 L_1 之分。边墙外侧筋和中墙筋的计算法相同，它们共同的计算公式，列在表 6-6 中。

从表 6-6 中可以看出，长 L_1 和短 L_1 是随着抗震等级、连接方法、直径大小和钢筋级别的不同而不同。但是，它们的 L_2 却都是相同的。

剪力墙边墙（贴墙外侧）、中墙墙身顶层竖向分布筋　　　　表 6-6

抗震等级	连接方法	d(mm)	钢筋级别	长 L_1	短 L_1	钩	L_2
一、二	搭接	≤28	Ⅱ、Ⅲ	层高－保护层	层高－1.3l_{lE}保护层		$l_{aE}－$顶板厚＋保护层
			HPB300	层高－保护层＋5d 直钩	层高－1.3l_{lE}－保护层＋5d 直钩	5d	
三、四	搭接	≤28	HRB335、HRB400	层高－保护层	无短 L_1		
			HPB300	层高－保护层＋5d 直钩		5d	
一、二、三、四	机械连接	＞28	HPB300、HRB335、HRB400	层高－500－保护层	层高－500－35d－保护层		

注：搭接且为Ⅰ级钢筋（HPB300）的长 L_1、短 L_1，均有为直角的"钩"

边墙外侧和中墙的顶层钢筋如图6-18所示。图6-18的左方是边墙的外侧顶层筋图，右方是中墙的顶层筋图。

表6-6中有l_{lE}，在表1-12中有它的使用数据。

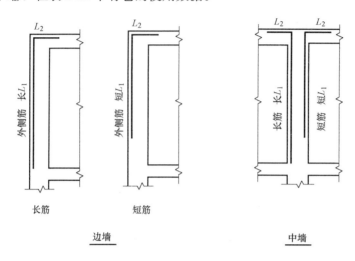

图6-18　边墙外侧和中墙的顶层钢筋

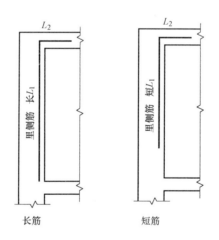

图6-19　边墙中的顶层侧筋

图6-19是边墙中的顶层侧筋，表6-7是它的计算公式。

剪力墙边墙墙身顶层（贴墙里侧）竖向分布筋　　　　　表6-7

抗震等级	连接方法	d(mm)	钢筋级别	长 L_1	短 L_1	钩	L_2
一、二	搭接	≤28	HRB335、HRB400	层高－保护层－d－30	层高－1.3l_{lE}－d－30－保护层		l_{aE}－顶板厚＋保护层＋d＋30
			HPB300	层高－保护层－d－30＋5d 直钩	层高－1.3l_{lE}－d－30＋5d 直钩－保护层	5d	

抗震等级	连接方法	d(mm)	钢筋级别	长 L_1	短 L_1	钩	L_2
三、四	搭接	≤28	HRB335、HRB400	层高－保护层－d－30	无短 L_1	5d	l_{aE}－顶板厚＋保护层＋d＋30
			HPB300	层高－保护层－d－30＋5d 直钩			
一、二、三、四	机械连接	＞28	HPB300、HRB335、HRB400	层高－500－保护层－d－30	层高－500－35d－保护层－d－30		

注：搭接且为Ⅰ级（HPB300）钢筋的长 L_1、短 L_1，均有为直角的"钩"。

【例 6-1】 已知：四级抗震剪力墙边墙墙身顶层竖向分布筋，钢筋规格为 φ20（即 HPB300 级钢筋，直径为 20mm），混凝土为 C30，搭接连接，层高 3.3m，板厚 150mm 和保护层厚度 15mm。

求：剪力墙边墙墙身顶层竖向分布筋（外侧筋和里侧筋）——长 L_1、L_2 的加工尺寸和下料尺寸。

【解】

（1）外侧筋

长 L_1＝层高－保护层＋5d 直钩＝3300－15＋100＝3385mm

L_2＝l_{aE}－顶板厚＋保护层＝30d－150＋15＝465mm

钩＝5d＝100mm

下料长度＝3385＋465＋100－1.751d≈3385＋465＋100－35≈3915mm

（2）里侧筋

长 L_1＝3300－15－d－30＋5d＝3335mm

L_2＝l_{aE}－顶板厚＋保护层＋d＋30＝30d－150＋15＋20＋30＝515mm

钩＝5d＝100mm

下料长度＝3335＋515＋100－1.751d

≈3335＋515＋100－35≈3915mm

计算结果参看图 6-20。

2. 边墙和中墙的中、底层竖向钢筋

表 6-8 中列出了边墙和中墙的中、底层竖向筋的计算方法。图 6-21 是表 6-6 的图解说明。在连接方法中，机械连接不需要搭接，所以，中、底层竖向筋的长度就等于层高。搭接就不一样，它需要一样搭接长度 l_{lE}。但是，如果搭接的钢筋是Ⅰ级（HPB300）钢筋，它的端头需要加工成 90°弯钩，钩长 5d。注意，机械连接适用于钢筋直径大于 28mm。

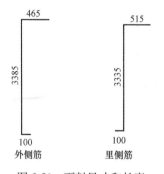

图 6-20 下料尺寸和长度

剪力墙边墙和中墙墙身的中、底层竖向筋　　　表 6-8

抗震等级	连接方法	d(mm)	钢筋级别	钩	L_1
一、二	搭接	≤28	HRB335、HRB400		层高＋l_{lE}
			HPB300	5d(直钩)	层高＋l_{lE}

续表

抗震等级	连接方法	d(mm)	钢筋级别	钩	L_1
三、四	搭接	≤28	HRB335、HRB400		层高＋l_{lE}
			HPB300	5d(直钩)	层高＋l_{lE}
一、二、三、四	机械连接	>28	HPB300、HRB335、HRB400		层高

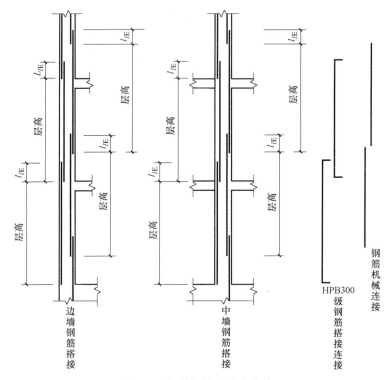

图 6-21 钢筋机械连接和搭接

【例 6-2】 已知：二级抗震剪力墙中墙身中、底层竖向分布筋，钢筋规格为 d＝20mm（HRB335 级钢筋），混凝土为 C30，搭接连接，层高 3.3m 和搭接连度 l_{aE}＝33d。

求：剪力墙中的墙身中、底层竖向分布筋 L_1。

【解】 L_1＝层高＋l_{lE}＝3300＋40d＝3300＋40×20＝4100mm

6.3 暗柱下料方法

剪力墙柱的计算方法与框架柱计算思路相同，剪力墙柱的钢筋计算包括各种构造边缘构件与约束边缘构件的纵筋（基础层插筋、中间层插筋、顶层插筋、变截面插筋）、箍筋及拉筋形式。这里以暗柱为代表介绍其计算方法，其他墙柱形式的计算基本相同。

剪力墙的暗柱并不是剪力墙墙身的支座，暗柱本身是剪力墙的一部分。暗柱的顶层竖向钢筋从图示到计算，基本上与墙身的顶层竖向钢筋相同。剪力墙暗柱钢筋计算方法包括以下几部分内容。

6.3.1 暗柱顶层竖向钢筋

顶层纵筋如图 6-22 和图 6-23 所示，长度计算公式如下。

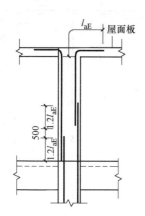 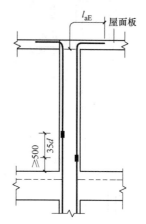

图 6-22 暗柱顶层钢筋绑扎连接构造   图 6-23 暗柱顶层机械连接构造

绑扎连接时：

$$与短筋连接的钢筋长度＝顶层层高－顶层板厚＋顶层锚固长度 l_{aE}$$

$$与长筋连接的钢筋长度＝顶层层高－顶层板厚－(1.2l_{aE}＋500)＋$$
$$顶层锚固长度 l_{aE} \tag{6-79}$$

机械连接时：

$$与短筋连接的钢筋长度＝顶层层高－顶层板厚－500＋顶层锚固长度 l_{aE} \tag{6-80}$$

$$与长筋连接的钢筋长度＝顶层层高－顶层板厚－500－35d＋顶层锚固长度 l_{aE}$$
$$\tag{6-81}$$

6.3.2 暗柱的中、底层竖向钢筋

这里介绍《钢筋翻样方法与技巧》第 4.3.2 节内容。

中间层纵筋如图 6-24 和图 6-25 所示，长度计算公式为：

绑扎连接时：

$$纵筋长度＝中间层层高＋1.2l_{aE} \tag{6-82}$$

机械连接时：

$$纵筋长度＝中间层层高 \tag{6-83}$$

6.3.3 基础层插筋计算

剪力墙基础插筋如图 6-26 和图 6-27 所示。

长度计算公式如下：

$$插筋长度＝插筋锚固长度＋基础外露长度$$

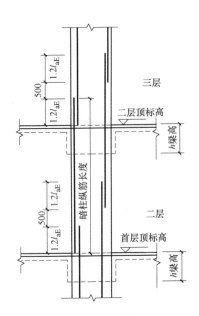

图 6-24 暗柱中间层钢筋绑扎连接构造

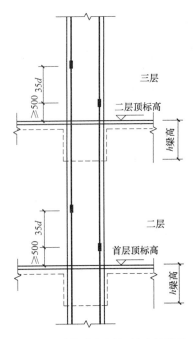

图 6-25 暗柱中间层机械连接构造

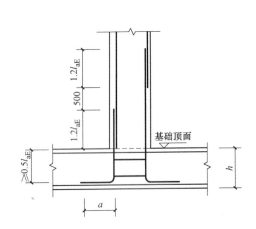

图 6-26 暗柱基础插筋绑扎连接构造

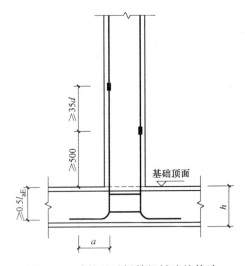

图 6-27 暗柱基础插筋机械连接构造

6.3.4 变截面计算

剪力墙柱变截面纵筋的锚固形式如图 6-28 所示，包括倾斜锚固与当前锚固加插筋两种形式。

倾斜锚固钢筋长度计算公式为

$$变截面处纵筋长度＝层高＋斜度延伸长度＋1.2l_{aE} \qquad (6-84)$$

当前锚固钢筋和插筋长度计算公式为

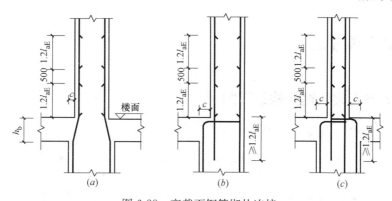

图 6-28 变截面钢筋绑扎连接

(a) $c/h_b \le 1/6$; (b) $c/h_b > 1/6$; (c) $c/h_6 > 1/6$

$$\text{当前锚固纵筋长度} = \text{层高} - \text{非连接区} - \text{板保护层} + \text{下墙柱柱宽} - 2 \times \text{墙柱保护层} \quad (6-85)$$

$$\text{变截面上层插筋长度} = \text{锚固长度} 1.2l_{aE} + \text{非连接区} + 1.2l_{aE} \quad (6-86)$$

6.3.5 箍筋计算

剪力墙柱箍筋计算内容包括箍筋的长度计算与箍筋的根数计算。箍筋的计算公式如下。

(1) 矩形封闭箍筋长度计算

$$\text{短形封闭箍筋长度} = 2 \times [(b - 2c + d) + (h - 2c + d)] + 2 \times 11.9d$$

(2) 箍筋根数计算

1) 基础插筋箍筋根数

$$\text{插筋箍筋根数} = (\text{基础高度} - \text{基础保护层})/500 + 1$$

2) 底层、中间层、顶层箍筋根数

绑扎连接时:

$$\text{箍筋根数} = (2.4 l_{aE} + 500 - 50)/\text{加密区间} + (\text{层高} - \text{搭接范围})/\text{间距} + 1$$

机械连接时:

$$\text{箍筋根数} = (\text{层高} - 50)/\text{箍筋间距} + 1$$

6.3.6 拉筋计算

剪力墙柱拉筋计算内容包括拉筋长度计算与拉筋的根数计算。拉筋长度计算方法与框架柱单肢箍筋计算相同,这里省略。

拉筋根数计算如下。

(1) 基础拉筋根数

$$\text{基础层拉筋根数} = \left(\frac{\text{基础高度} - \text{基础保护层} \ c}{500} + 1\right) \times \text{每排拉筋根数} \quad (6-87)$$

(2) 底层、中间层、顶层拉筋根数

$$\text{底层、中间层、顶层拉筋根数} = \left(\frac{\text{层高} - 50}{\text{间距}} + 1\right) \times \text{每排拉筋根数} \quad (6-88)$$

6.4 墙梁下料方法

6.4.1 剪力墙连梁的钢筋构造详图

连梁 LL 配筋构造如图 6-29 所示。

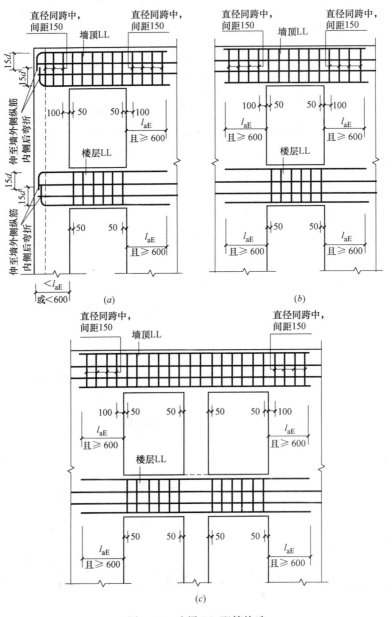

图 6-29 连梁 LL 配筋构造

(a) 小墙垛处洞口连梁（端部墙肢较短）；(b) 单洞口连梁（单跨）；(c) 双洞口连梁（双跨）

6.4.2 连梁

剪力墙连梁的概念:剪力墙连梁是剪力墙的一个组成部分,准确地说,是和剪力墙浇筑成一体的门窗钢筋过梁。位于墙顶的,又叫做墙顶连梁。它由纵向钢筋、箍筋、拉筋、墙身水平钢筋组成。

1. 墙端部洞口连梁配筋构造

端墙部洞口连梁配筋构造如图 6-29 (a) 所示。

2. 单双洞口连梁

图 6-30 系剪力墙中的单洞口连梁和双洞口连梁,以及它们的上、下钢筋。

单洞口连梁的钢筋计算公式:

$$单洞 L_1 = 单洞跨度 + 2 \times \max\{l_{aE} 600\} \tag{6-89}$$

双洞口连梁的钢筋计算公式:

$$双洞 L_1 = 双洞跨度 + 2 \times \max\{l_{aE} 600\} \tag{6-90}$$

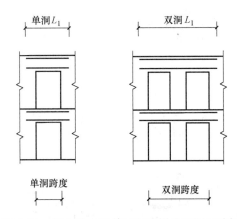

图 6-30 剪力墙中的单洞口连梁和双洞口连梁

习　题

1. 试计算其顶层分布钢筋的下料长度。已知某二级抗震剪力墙中墙身顶层竖向分布筋,钢筋直径为 30mm (HRB400 级钢筋),混凝土强度等级为 C35。采用机械连接,其层高为 3.5m,屋面板厚 100mm。

2. 试计算墙端部洞口连梁的钢筋下料尺寸(上、下钢筋计算方法相同)。已知某抗震二级剪力墙端部洞口连梁,钢筋级别为 HRB335 级钢筋,直径 $d = 25$mm,混凝土强度等级为 C30,跨度为 1.5m。

第 7 章　框架梁钢筋下料

7.1　框架梁平法施工图的表示方法

1. 平面注写方式

框架梁平法施工图系在梁平面布置图上采用"平面注写方式"或"截面注写方式"表达。平面注写方式在实际工程中应用较广，它是分别在不同编号的两种各选一根梁，在其上注写截面尺寸及配筋具体数值的方式来表达梁平法施工图，如图 7-1 所示。

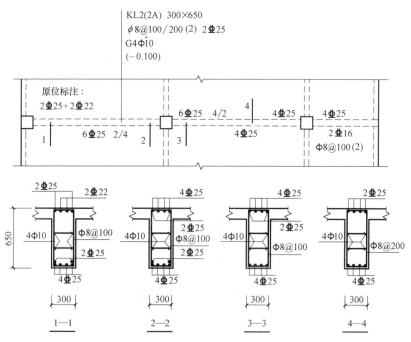

图 7-1　梁构件平面注写方式

梁构件的平面注写方式，包括"集中标注"和"原位标注"，如图 7-2 所示，"集中标注"表达梁的通用数值，"原位标注"表达梁的特殊数值。

2. 梁构件的识图方法

梁构件的平法识图方法，主要分为两个层次：

（1）第一个层次：通过梁构件的编号（包括其中注明的跨数），在梁平法施工图上，来识别是哪一根梁。

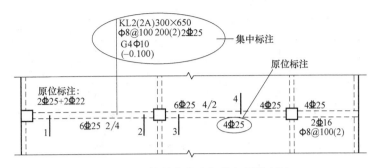

图 7-2 梁构件的集中标注与原位标注

（2）第二个层次：就具体的一根梁，识别其集中标注与原位标注所表达的每一个符号的含义。

3. 梁构件集中标注识图

（1）梁构件集中标注示意图。

梁构件集中标注包括编号、截面尺寸、箍筋、上部通长筋或架立筋、下部通长筋、侧部构造或受扭钢筋五项必注内容及一项选注值（集中标注可以从梁的任意一跨引出），如图 7-3 所示。

（2）梁构件编号表示方法。

梁构件集中标注的第一项必注值为梁编号，由"梁类型代号"、"序号"、"跨数及有无悬挑代号"三项组成，如图 7-4 所示。

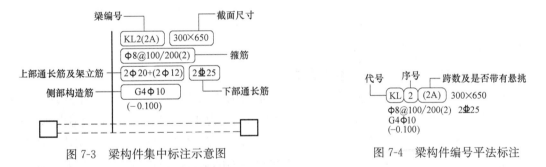

图 7-3 梁构件集中标注示意图

图 7-4 梁构件编号平法标注

梁编号中的"梁类型代号"、"序号"、"跨数及有无悬挑代号"三项符号的具体表示方法，见表 7-1。

梁编号　　　　　　　　　　　　　　　　　　　　　　表 7-1

梁类型	代号	序号	跨数及是否带有悬挑
楼层框架梁	KL	××	(××)、(××A)或(××B)
楼层框架扁梁	KBL	××	(××)、(××A)或(××B)
屋面框架梁	WKL	××	(××)、(××A)或(××B)
非框架梁	L	××	(××)、(××A)或(××B)
框支梁	KZL	××	(××)、(××A)或(××B)

梁类型	代号	序号	跨数及是否带有悬挑
托柱转换梁	TZL	××	(××)、(××A)或(××B)
悬挑梁	XL	××	(××)、(××A)或(××B)
井字梁	JZL	××	(××)、(××A)或(××B)

注：1. (××A) 为一端有悬挑，(××B) 为两端有悬挑，悬挑不计入跨数。井字梁的跨数见有关内容。

2. 楼层框架扁梁节点核心区代号 KBH。

3. 非框架梁 L、井字梁 JZL 表示端支座为铰接；当非框架梁 L、井字梁 JZL 端支座上部纵筋为充分利用钢筋的抗拉强度时，在梁代号后加"g"。

【例 7-1】 L9 (7B)，表示第 9 号非框架梁，7 跨，两端有悬挑。

4. 梁箍筋设置

梁构件箍筋设置见表 7-2。

梁构件的箍筋识图　　　　　　　　　　　　　表 7-2

情 况		箍筋表示基本方法	识 图
设箍筋加密区的梁构件	KL、WKL	φ10@100/200(4)	加密区间距为 100mm，非加密区间距为 200mm，均为四肢箍
	框支梁 KZL		如果加密区和非加密区，箍筋肢数不同，分别表示：φ10@100(4)/200(2)
不设箍筋加密区的梁构件	非框架梁 L、悬挑梁 XL、井字梁 JZL	箍筋有两种情况： (1)φ10@200(2) (2)13φ10@150/200(4)。两端各 13 个间距 150mm 的四肢箍，梁跨中部分间距为 200mm，四肢箍	这些不设箍筋加密区的梁构件，一般只有一种箍筋间距；如果设两种箍筋间距，先注写梁支座端部的箍筋，在斜线后注写梁跨中部分的箍筋间距及肢数

5. 上部通长筋（或架立筋）标注方法

梁构件的上部通长筋或架立筋配置（通长筋可为相同或不同直径，采用搭接连接、机械连接或焊接的钢筋），所注规格与根数应根据结构受力要求及箍筋肢数等构造要求而定。当同排纵筋中既有通长筋又有架立筋时，应用加号"＋"将通长筋和架立筋相连。注写时需将角部纵筋写在加号的前面，架立筋写在加号后面的括号内，以示不同直径及与通长筋的区别。当全部采用架立筋时，则将其写入括号内。

【例 7-2】 2Φ22 用于双肢箍；2Φ22＋(4φ12) 用于六肢箍，其中 2Φ22 为通长筋，4φ12 为架立筋。

6. 下部通长筋标注方法

当梁的上部纵筋和下部纵筋为全跨相同，且多数跨配筋相同时，此项可加注下部纵筋的配筋值，用分号";"将上部与下部纵筋的配筋值分隔开来表达。

【例 7-3】 3Φ22；3Φ20，表示梁的上部配置 3Φ22 的通长筋，梁的下部配置 3Φ20 的通长筋。

注意：集中标注中少数跨不同，则将该项数值原位标注。

7. 侧部构造钢筋或受扭钢筋

当梁腹板高度≥450mm时，需配置纵向构造钢筋，所注规格与根数应符合规范规定。此项注写值以大写字母G打头，接续注写设置在梁两个侧面的总配筋值，且对称配置。

【例7-4】 G 4Φ12，表示梁的两个侧面共配置4Φ12的纵向构造钢筋，每侧各配置2Φ12。

当梁侧面需配置受扭纵向钢筋时，此项注写值以大写字母N打头，接续注写配置在梁两个侧面的总配筋值，且对称配置。受扭纵向钢筋应满足梁侧面纵向构造钢筋的间距要求，且不再重复配置纵向构造钢筋。

【例7-5】 N 6Φ22，表示梁的两个侧面共配置6Φ22的受扭纵向钢筋，每侧各配置3Φ22。

> 注：1. 当为梁侧面构造钢筋时，其搭接与锚固长度可取为15d。
> 　　2. 当为梁侧面受扭纵向钢筋时，其搭接长度为l_l或l_{lE}。

锚固长度为l_a或l_{aE}；其锚固方式同框架梁下部纵筋。

8. 梁的集中标注

从梁的边缘引出一条铅垂线，是对梁的集中标注用线。

若贴近梁的地方，没有不同于梁的集中标注内容，则全梁都要执行集中标注的内容要求。梁的集中标注法见图7-5，图7-6是对图7-5的解释。

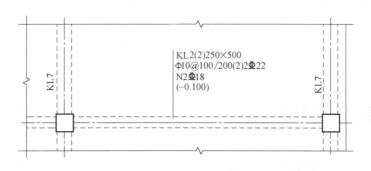

图7-5 梁的集中标注

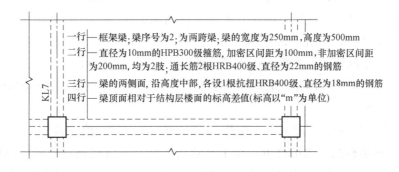

图7-6 集中标注中各行代表的意义注释

也有的设计图纸把对梁的集中标注用习惯方法进行标注,把第二行中的通长筋,写在第三行,规则中的三、四行依次改成了四、五行,如图 7-7 所示。

图 7-8 是对图 7-7 的解释。

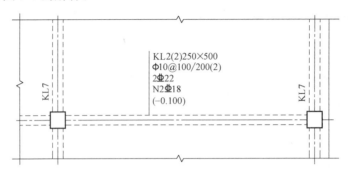

图 7-7 梁的集中标注

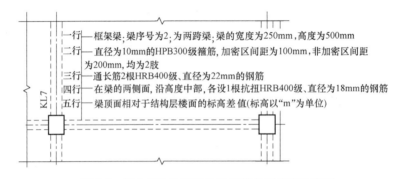

图 7-8 集中标注的习惯注法及其各行代表的意义

7.2 框架梁钢筋构造

7.2.1 楼层框架梁纵向钢筋构造

(1) 楼层框架梁 KL 纵向钢筋构造,如图 7-9 所示。

(2) 端支座加锚头(锚板)锚固,如图 7-10 所示。

(3) 端支座直锚,如图 7-11 所示。

(4) 中间层中间节点梁下部筋在节点外搭接,如图 7-12 所示。

梁下部钢筋不能在柱内锚固时,可在节点外搭接。相邻跨钢筋直径不同时,搭接位置位于较小直径一跨。

图 7-9～图 7-12 中,跨度值 l_n 为左跨 l_{ni} 和右跨 l_{ni+1} 之较大值,其中 $i=1,2,3,\cdots$,图中 h_c 为柱截面沿框架方向的高度,梁上部通长钢筋与非贯通钢筋直径相同时,连接位置宜位于跨中 $l_{ni}/3$ 范围内;梁下部钢筋连接位置宜位于支座 $l_{ni}/3$ 范围内;且在同一连接区段内钢筋接头面积百分率不宜大于 50%。当上柱截面尺寸小于下柱截面尺寸时,梁上

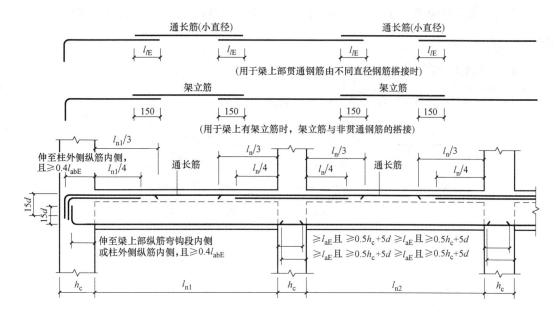

图 7-9　楼层框架梁 KL 纵向钢筋构造

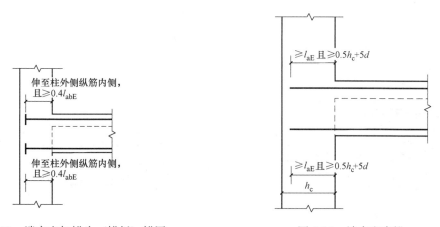

图 7-10　端支座加锚头（锚板）锚固　　　　　图 7-11　端支座直锚

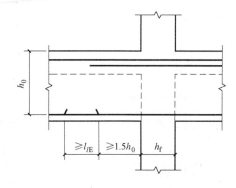

图 7-12　中间层中间节点梁下部筋在节点外搭接

部钢筋的锚固长度起算位置应为上柱内边缘，梁下纵筋的锚固长度起算位置为下柱内边缘。

7.2.2 屋面框架梁纵向钢筋构造

（1）屋面框架梁 WKL 纵向钢筋构造，如图 7-13 所示。

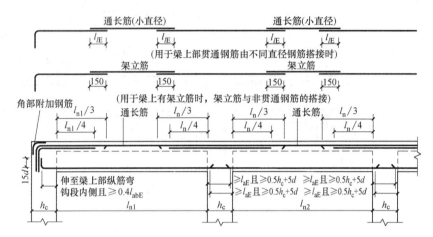

图 7-13 屋面框架梁 WKL 纵筋钢筋构造

（2）顶点端节点梁下部钢筋端头加锚头（锚板）锚固，如图 7-14 所示。

（3）顶层端支座梁下部钢筋直锚，如图 7-15 所示。

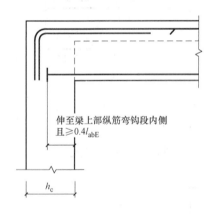

图 7-14 顶点端节点梁下部钢筋端头
加锚头（锚板）锚固

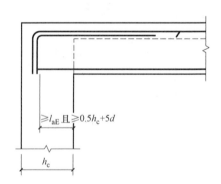

图 7-15 顶层端支座梁下部钢筋直锚

（4）顶层中间节点梁下部筋在节点外搭接，如图 7-16 所示。

梁下部钢筋不能在柱内锚固时，可在节点外搭接。相邻跨钢筋直径不同时，搭接位置位于较小直径一跨。

图 7-13～图 7-16 中，跨度值 l_n 为左跨 l_{ni} 和右跨 l_{ni+1} 之较大值，其中 $i=1，2，3，…$，图中 h_c 为柱截面沿框架方向的高度，梁上部通长钢筋与非贯通钢筋直径相同时，连接位

置宜位于跨中 $l_{ni}/3$ 范围内；梁下部钢筋连接位置宜位于支座 $l_{ni}/3$ 范围内；且在同一连接区段内钢筋接头面积百分率不宜大于 50%。

7.2.3 框架梁水平、竖向加腋构造

1. 框架梁水平加腋构造

框架梁水平加腋构造，如图 7-17 所示。

2. 框架梁竖向加腋构造

框架梁竖向加腋构造，如图 7-18 所示。

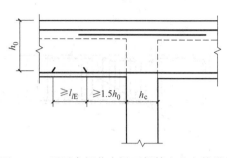

图 7-16 顶层中间节点梁下部筋在节点外搭接

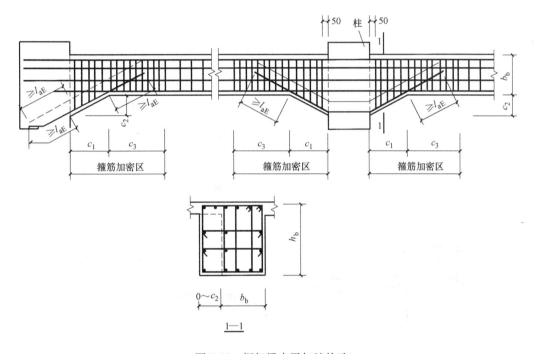

图 7-17 框架梁水平加腋构造

（c_3 取值：抗震等级为一级 ≥2.0h_b 且 ≥500mm；抗震等级为二～四级 ≥1.5h_b 且 ≥500mm）

图 7-17 及图 7-18 中，当梁结构平法施工图中，水平加腋部位的配筋设计未给出时，其梁腋上、下部斜纵筋（仅设置第一排）直径分别同梁内上下纵筋，水平间距不宜大于 200mm，水平加腋部位侧面纵向构造筋的设置及构造要求同梁内侧面纵向构造筋，图 7-18 中框架梁竖向加腋构造适用于加腋部分参与框架梁计算，配筋由设计标注；其他情况设计应另行给出做法。加腋部位箍筋规格及肢距与梁端部的箍筋相同。

7.2.4 楼层框架梁、屋面框架梁等中间支座纵向钢筋构造

1. WKL 中间支座纵向钢筋构造

WKL 中间支座纵向钢筋构造，如图 7-19 所示。

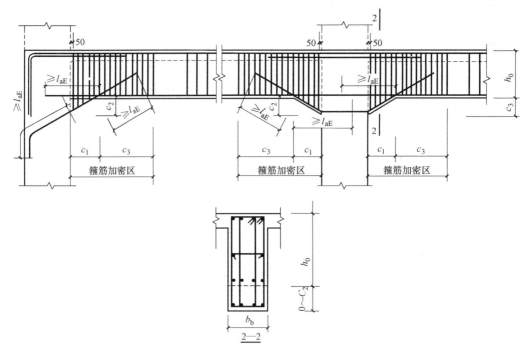

图 7-18 框架梁竖向加腋构造

（c_3 取值：抗震等级为一级≥2.0h_b 且≥500mm；抗震等级为二～四级≥1.5h_b 且≥500mm）

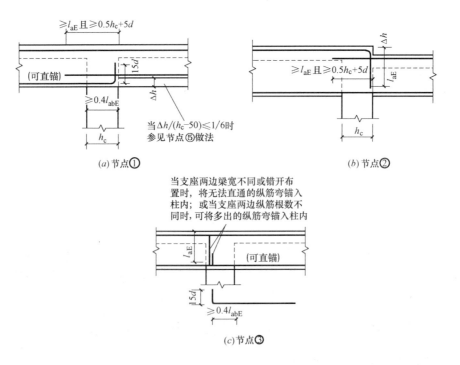

图 7-19 WKL 中间支座纵向钢筋构造

2. KL 中间支座纵向钢筋构造

KL 中间支座纵向钢筋构造，如图 7-20 所示。

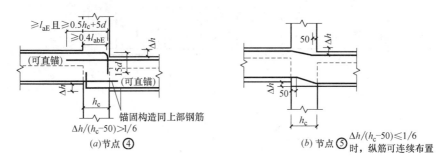

图 7-20　KL 中间支座纵向钢筋构造

7.2.5　框架梁 KL、WKL 箍筋构造

框架梁 KL、WKL 箍筋加密区范围，如图 7-21、图 7-22 所示。

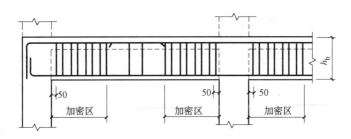

加密区：抗震等级为一级：≥2.0h_b且≥500
抗震等级为二～四级：≥1.5h_b且≥500

图 7-21　框架梁 KL、WKL 箍筋加密区范围（一）

图 7-21 与图 7-22 中，框架梁箍筋加密区范围同样适用于框架梁与剪力墙平面内连接的情况。

7.2.6　非框架梁 L 配筋构造及主次梁斜交箍筋构造

1. 非框架梁 L 配筋构造

非框架梁 L 配筋构造，如图 7-23 所示。

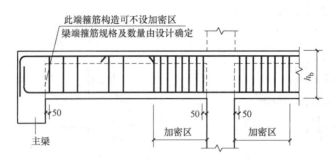

图 7-22 框架梁 KL、WKL 箍筋加密区范围（二）

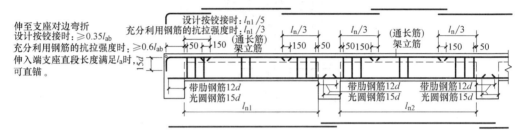

图 7-23 非框架梁 L 配筋构造

2. 受扭非框架梁纵筋

受扭非框架梁纵筋构造如图 7-24 所示。

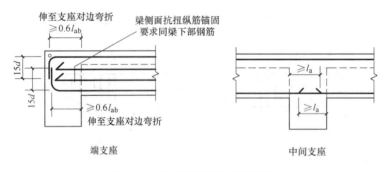

图 7-24 受扭非框架梁纵筋构造

3. 主次梁斜交箍筋构造

主次梁斜交箍筋构造，如图 7-25 所示。

图 7-23～图 7-25 中，跨度值 l_n 为左跨 l_{ni} 和右跨 l_{ni+1} 之较大值，其中 $i=1，2，3，…$，当梁上部有通长钢筋时，连接位置宜位于跨中 $l_{ni}/3$ 范围内；梁下部钢筋连接位置宜位于支座 $l_{ni}/4$ 范围内；且在同一连接区段内钢筋接头面积百分率不宜大于 50%。当梁纵筋兼作温度应力筋时，梁下部钢筋锚入支座长度由设计确定。图 7-23 中"设计按铰接时"用于代号为 L 的非框架梁，"充分利用钢筋的抗拉强度时"用于代号为 Lg 的非框架梁。弧形非框架梁的箍筋间距沿梁凸面线度量。图 7-24 中"受扭非框架梁纵筋构造"用于梁侧

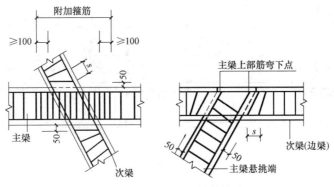

图 7-25　主次梁斜交箍筋构造

配有受扭钢筋时，当梁侧未配受扭钢筋的非框架梁需采用此构造时，设计应明确指定。

7.2.7　井字梁 JZL 配筋构造

矩形平面网络区域井字梁平面布置图，如图 7-26 所示。

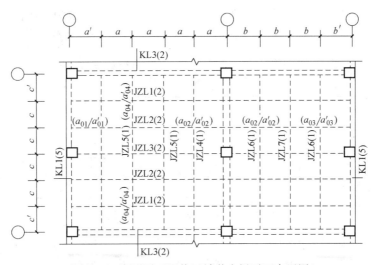

图 7-26　矩形平面网络区域井字梁平面布置图

1. 井字梁 JZL2（2）配筋构造

井字梁 JZL2（2）配筋构造，如图 7-27 所示。

2. 井字梁 JZL5（1）配筋构造

井字梁 JZL5（1）配筋构造，如图 7-28 所示。

图 7-26～图 7-28 中，设计无具体说明时，井字梁上、下部纵筋均短跨在下，长跨在上；短跨梁箍筋在相交范围内通长设置；相交处两侧各附加三道箍筋，间距 50mm，箍筋直径及肢数同梁内箍筋。JZL3（2）在柱子的纵筋锚固及箍筋加密要求同框架梁。纵筋在端支座应伸至主梁外侧纵筋内侧后弯折，当直段长度不小于 l_a 时可不弯折。当梁上部有通长钢筋时，连接位置宜位于跨中 $l_{ni}/3$ 范围内；梁下部钢筋连接位置宜位于支座 $l_{ni}/4$ 范围

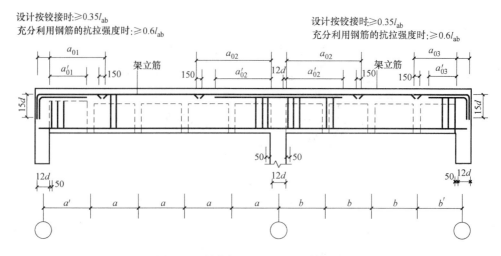

图 7-27 井字梁 JZL2（2）配筋构造

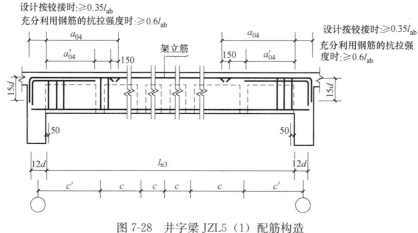

图 7-28 井字梁 JZL5（1）配筋构造

内；且在同一连接区段内钢筋接头面积百分率不宜大于 50%。当梁中纵筋采用光面钢筋时，图中 12d 应改为 15d。图中"设计按铰接时"用于代号为 JZL 的井字梁，"充分利用钢筋的抗拉强度时"用于代号为 JZLg 的井字梁。

7.3 框架梁中的钢筋概述

7.3.1 梁中的钢筋布置

本节将介绍的，是用平面整体表示方法制图的框架梁中的钢筋下料长度计算方法。在这种表示方法的制图中，除悬挑和加腋梁外，一般框架梁内没有弯起 45° 和 60° 的纵向受力钢筋。图 7-29 是楼层框架连续梁的一般图例。通俗地说，柱子附近梁中钢筋，是放在上部；跨中部分，梁中钢筋是放在下部。参照图 7-30 和图 7-31 可以知道，对于安全或强度要求高的，梁的上部则设"上部贯通筋"，或称"上部通长筋"，贯通整个梁，如①号钢筋。当梁进入柱子里面时，在上部第一排要安放直角筋，如②号筋。如果②号筋还满足不了要求，再在第二排放置③号筋。位于中间柱子的梁上部，需要放置直筋，如④号筋。如果④号直筋又满足不了要求，则再在梁的上部第二排放置⑤号筋。梁的跨中，需要在下部放置钢筋：边跨在下部放置直角钢筋⑥号；跨中下部放置⑦号钢筋。

在屋面框架梁的边柱处，比楼层框架梁要多放一种直角筋，它的每边长各为300mm。

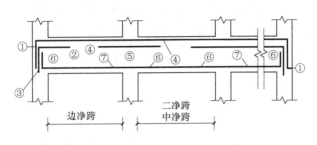

图 7-29 楼层框架连续梁的一般图例

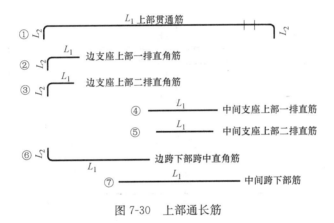

图 7-30 上部通长筋

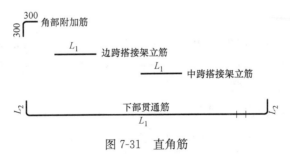

图 7-31 直角筋

当梁的上部没有放置通长筋时，由于构造上的需要，可以在梁的上部放置搭接架立筋：边跨放置边跨搭接架立筋；跨中放置跨中搭接架立筋。

根据需要，有时在梁中放置"下部贯通筋"。不论是"上部贯通筋"或"下部贯通筋"，它们都是"冖"形的，即两端都是直角的。

通过上面讲解，已经知道框架连续梁，分为楼层框架连续梁和屋面框架连续框架梁。然而，从抗震角度看，又区分为：一级抗震；二级抗震；三级抗震；四级抗震。综上所述，类别就有十种。这里跨度还没有考虑进去。

抗震等级，对梁中钢筋下料计算，有什么影响呢？抗震等级除了对于梁在构造上有一定要求外，对于梁体中的钢筋，伸入柱体部分、埋入尺寸及搭接方面，是有不同要求的。可想而知，抗震等级越高，埋入和搭接尺寸就越大。

图 7-29 中，为了更清楚地表达纵向受力钢筋，故意没有画出箍筋。不是箍筋不重要，而是箍筋在框架梁中，在没有弯起钢筋的情况下，不只是构造上的要求，还起着受力功能作用。箍筋的下料长度计算，前面已经讲过了，不再赘述。

7.3.2　贯通筋的加工下料

贯通筋的加工尺寸，分为三段，参看图 7-32。

图 7-32 中，"$\geq 0.4 l_{aE}$"表示一、二、三、四级抗震等级钢筋进入柱中水平方向的锚固长度值。"$15d$"表示在柱中竖向的锚固长度值。

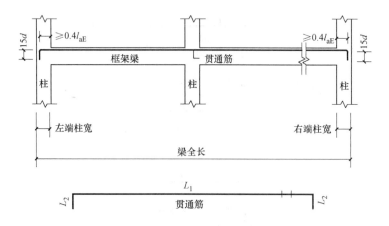

图 7-32　贯通筋的加工尺寸

在框架结构的构件中，纵向受力钢筋的直角弯曲半径，单独有规定。常用的钢筋有 HRB335 级和 HRB400 级钢筋。常用的混凝土有 C30、C35 和大于 C40 的几种，还要考虑结构的抗震等级等因素。

为了计算方便，把计算公式列入表 7-3～表 7-8 中。

HRB335 级钢筋 C30 混凝土框架梁贯通筋计算表（mm）　　表 7-3

抗震等级	l_{aE}	直径	L_1	L_2	下料长度
一级抗震	$33d$		梁全长－左端柱宽－右端柱宽＋$2\times13.2d$		
二级抗震	$33d$	$d \leqslant 25$	梁全长－左端柱宽－右端柱宽＋$2\times13.2d$	$15d$	$L_1+2\times L_2-2\times$外皮差值
三级抗震	$30d$		梁全长－左端柱宽－右端柱宽＋$2\times12d$		
四级抗震	$29d$		梁全长－左端柱宽－右端柱宽＋$2\times11.6d$		

HRB335 级钢筋 C35 混凝土框架梁贯通筋计算表（mm）　　表 7-4

抗震等级	l_{aE}	直径	L_1	L_2	下料长度
一级抗震	31d		梁全长－左端柱宽－右端柱宽＋2×12.4d		
二级抗震	31d	$d \leqslant 25$	梁全长－左端柱宽－右端柱宽＋2×12.4d	15d	$L_1+2 \times L_2-2 \times$外皮差值
三级抗震	28d		梁全长－左端柱宽－右端柱宽＋2×11.2d		
四级抗震	27d		梁全长－左端柱宽－右端柱宽＋2×10.8d		

HRB335 级钢筋≥C40 混凝土框架梁贯通筋计算表（mm）　　表 7-5

抗震等级	l_{aE}	直径	L_1	L_2	下料长度
一级抗震	29d		梁全长－左端柱宽－右端柱宽＋2×11.6d		
二级抗震	29d	$d \leqslant 25$	梁全长－左端柱宽－右端柱宽＋2×11.6d	15d	$L_1+2 \times L_2-2 \times$外皮差值
三级抗震	26d		梁全长－左端柱宽－右端柱宽＋2×10.4d		
四级抗震	25d		梁全长－左端柱宽－右端柱宽＋2×10d		

HRB400 级钢筋 C30 混凝土框架梁贯通筋计算表（mm）　　表 7-6

抗震等级	l_{aE}	直径	L_1	L_2	下料长度
一级抗震	40d	$d \leqslant 25$	梁全长－左端柱宽－右端柱宽＋2×16d		
	45d	$d > 25$	梁全长－左端柱宽－右端柱宽＋2×18d		
二级抗震	40d	$d \leqslant 25$	梁全长－左端柱宽－右端柱宽＋2×16d		
	45d	$d > 25$	梁全长－左端柱宽－右端柱宽＋2×18d	15d	$L_1+2 \times L_2-2 \times$外皮差值
三级抗震	37d	$d \leqslant 25$	梁全长－左端柱宽－右端柱宽＋2×14.8d		
	41d	$d > 25$	梁全长－左端柱宽－右端柱宽＋2×16.4d		
四级抗震	35d	$d \leqslant 25$	梁全长－左端柱宽－右端柱宽＋2×14d		
	39d	$d > 25$	梁全长－左端柱宽－右端柱宽＋2×15.6d		

HRB400 级钢筋 C35 混凝土框架梁贯通筋计算表（mm）　　表 7-7

抗震等级	l_{aE}	直径	L_1	L_2	下料长度
一级抗震	37d	$d \leqslant 25$	梁全长－左端柱宽－右端柱宽＋2×14.8d		
	40d	$d > 25$	梁全长－左端柱宽－右端柱宽＋2×16d		
二级抗震	37d	$d \leqslant 25$	梁全长－左端柱宽－右端柱宽＋2×14.8d		
	40d	$d > 25$	梁全长－左端柱宽－右端柱宽＋2×16d	15d	$L_1+2 \times L_2-2 \times$外皮差值
三级抗震	34d	$d \leqslant 25$	梁全长－左端柱宽－右端柱宽＋2×13.6d		
	37d	$d > 25$	梁全长－左端柱宽－右端柱宽＋2×14.8d		
四级抗震	32d	$d \leqslant 25$	梁全长－左端柱宽－右端柱宽＋2×12.8d		
	35d	$d > 25$	梁全长－左端柱宽－右端柱宽＋2×14d		

HRB400级钢筋≥C40混凝土框架梁贯通筋计算表（mm） 表 7-8

抗震等级	l_{aE}	直径	L_1	L_2	下料长度
一级抗震	33d	d≤25	梁全长－左端柱宽－右端柱宽＋2×13.2d		
	37d	d>25	梁全长－左端柱宽－右端柱宽＋2×14.8d		
二级抗震	33d	d≤25	梁全长－左端柱宽－右端柱宽＋2×13.2d		
	37d	d>25	梁全长－左端柱宽－右端柱宽＋2×14.8d	15d	$L_1+2×L_2-2×$外皮差值
三级抗震	30d	d≤25	梁全长－左端柱宽－右端柱宽＋2×12d		
	34d	d>25	梁全长－左端柱宽－右端柱宽＋2×13.6d		
四级抗震	29d	d≤25	梁全长－左端柱宽－右端柱宽＋2×11.6d		
	32d	d>25	梁全长－左端柱宽－右端柱宽＋2×12.8d		

【例7-6】 已知抗震等级为一级的某框架楼层连续梁，选用 HRB400（Ⅲ）级钢筋，直径为 24mm，混凝土强度等级为 C35，梁全长 30.5m，两端柱宽度均为 500mm。试求各钢筋的加工尺寸（即简图及其外皮尺寸）和下料尺寸。

【解】 L_1＝梁全长－左端柱宽度－右端柱宽度＋2×14.8d

$\quad\quad$＝(30500－500－500＋2×14.8×24)mm＝30210mm

L_2＝15d＝15×24mm＝360mm

下料长度＝L_1＋2L_2－2×外皮差值

$\quad\quad$＝30210＋2×360－2×2.931d

$\quad\quad$≈30789mm

7.3.3 边跨上部直角筋的下料

1. 边跨上部一排直角筋下料尺寸计算

结合图 7-10 及图 7-33 可知，这是梁与边柱交接处，在梁的上部放置的承受负弯矩的

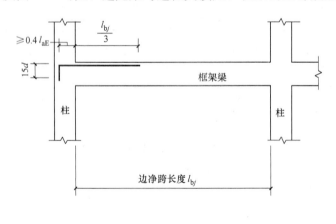

图 7-33 贯通筋的加工、下料尺寸算例

直角形钢筋。钢筋的 L_1 部分，是由两部分组成：就是由 1/3 边净跨长度，加上 $0.4l_{aE}$。计算时参看表 7-9～表 7-14 进行。

HRB335 级钢筋 C30 混凝土框架梁边跨上部一排直角筋计算表（mm） 表 7-9

抗震等级	l_{aE}	直径	L_1	L_2	下料长度
一级抗震	33d		边净跨长度/3+13.2d		
二级抗震	33d	$d \leqslant 25$	边净跨长度/3+13.2d	15d	$L_1 + L_2$ 一外皮差值
三级抗震	30d		边净跨长度/3+12d		
四级抗震	29d		边净跨长度/3+11.6d		

HRB335 级钢筋 C35 混凝土框架梁边跨上部一排直角筋计算表（mm） 表 7-10

抗震等级	l_{aE}	直径	L_1	L_2	下料长度
一级抗震	31d		边净跨长度/3+12.4d		
二级抗震	31d	$d \leqslant 25$	边净跨长度/3+12.4d	15d	$L_1 + L_2$ 一外皮差值
三级抗震	28d		边净跨长度/3+11.2d		
四级抗震	27d		边净跨长度/3+10.8d		

HRB335 级钢筋、≥C40 混凝土框架梁边跨上部一排直角筋计算表（mm） 表 7-11

抗震等级	l_{aE}	直径	L_1	L_2	下料长度
一级抗震	29d		边净跨长度/3+11.6d		
二级抗震	29d	$d \leqslant 25$	边净跨长度/3+11.6d	15d	$L_1 + L_2$ 一外皮差值
三级抗震	26d		边净跨长度/3+10.4d		
四级抗震	25d		边净跨长度/3+10d		

HRB400 级钢筋 C30 混凝土框架梁边跨上部一排直角筋计算表（mm） 表 7-12

抗震等级	l_{aE}	直径	L_1	L_2	下 料 长 度
一级抗震	40d	$d \leqslant 25$	边净跨长度/3+16d		
	45d	$d > 25$	边净跨长度/3+18d		
二级抗震	40d	$d \leqslant 25$	边净跨长度/3+16d		
	45d	$d > 25$	边净跨长度/3+18d	15d	$L_1 + L_2$ 一外皮差值
三级抗震	37d	$d \leqslant 25$	边净跨长度/3+14.8d		
	41d	$d > 25$	边净跨长度/3+16.4d		
四级抗震	35d	$d \leqslant 25$	边净跨长度/3+14d		
	39d	$d > 25$	边净跨长度/3+15.6d		

HRB400 级钢筋 C35 混凝土框架梁边跨上部一排直角筋计算表（mm） 表 7-13

抗震等级	l_{aE}	直径	L_1	L_2	下 料 长 度
一级抗震	37d	$d \leqslant 25$	边净跨长度/3+14.8d	15d	$L_1 + L_2$ 一外皮差值
	40d	$d > 25$	边净跨长度/3+16d		

抗震等级	l_{aE}	直径	L_1	L_2	下 料 长 度
二级抗震	$37d$	$d \leqslant 25$	边净跨长度/3+14.8d	$15d$	L_1+L_2－外皮差值
	$40d$	$d > 25$	边净跨长度/3+16d		
三级抗震	$34d$	$d \leqslant 25$	边净跨长度/3+13.6d		
	$37d$	$d > 25$	边净跨长度/3+14.8d		
四级抗震	$32d$	$d \leqslant 25$	边净跨长度/3+12.8d		
	$35d$	$d > 25$	边净跨长度/3+14d		

HRB400 级钢筋≥C40 混凝土框架梁边跨上部一排直角筋计算表（mm）　　表 7-14

抗震等级	l_{aE}	直径	L_1	L_2	下 料 长 度
一级抗震	$33d$	$d \leqslant 25$	边净跨长度/3+13.2d	$15d$	L_1+L_2－外皮差值
	$37d$	$d > 25$	边净跨长度/3+14.8d		
二级抗震	$33d$	$d \leqslant 25$	边净跨长度/3+13.2d		
	$37d$	$d > 25$	边净跨长度/3+14.8d		
三级抗震	$30d$	$d \leqslant 25$	边净跨长度/3+12d		
	$34d$	$d > 25$	边净跨长度/3+13.6d		
四级抗震	$29d$	$d \leqslant 25$	边净跨长度/3+11.6d		
	$32d$	$d > 25$	边净跨长度/3+12.8d		

【例 7-7】　已知抗震等级为三级的框架楼层连续梁，选用 HRB335 级钢筋，直径 $d=22\text{mm}$，C30 混凝土，边净跨长度为 5.5m。求加工尺寸（即简图及其外皮尺寸）和下料长度尺寸。

【解】

$$L_1 = 边净跨长度/3+0.4l_{aE}$$
$$\approx 5500/3+12d$$
$$\approx 1833+12\times 22$$
$$\approx 2097\text{mm}$$
$$L_2 = 15d$$
$$= 15\times 22$$
$$= 330\text{mm}$$
$$下料长度 = L_1+L_2-外皮差值$$
$$= 2097+330-2.931d$$
$$= 2097+330-2.931\times 22$$
$$= 2363\text{mm}$$

2. 边跨上部二排直角筋的下料尺寸计算

边跨上部二排直角筋的下料计算和边跨上部一排直角筋下料计算方法，基本相同。不同之处，仅差在这里的 L_1 是 1/4 边净跨度，而一排直角筋是 1/3 边净跨度。参看图7-34。

计算方法与前面的类似，这里计算步骤就省略了。

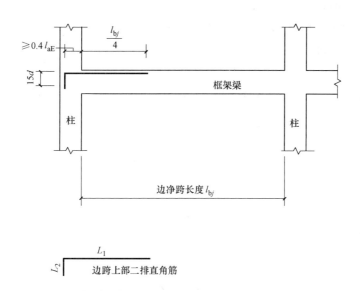

图 7-34　边跨上部二排直角筋的加工、下料尺寸计算

7.3.4　中间支座上部直筋的下料

1. 中间支座上部一排直筋的加工、下料尺寸计算

图 7-35 所示为中间支座上部一排直筋的示意图，此类直筋的加工、下料尺寸只需取其左、右两净跨长度大者的 1/3，再乘以 2，而后加入中间柱宽度即可。

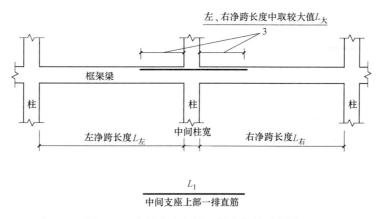

图 7-35　中间支座上部一排直筋的示意图

设：左净跨长度 $=L_{左}$，右净跨长度 $=L_{右}$，左、右净跨长度中取较大值 $=L_{大}$，则有 $L_1 = 2 \times L_{大}/3 +$ 中间柱宽

【例 7-8】 已知框架楼层连续梁，钢筋直径为 22mm，左净跨长度为 5.6m，右净跨长度为 5.3m，柱宽为 500mm。求钢筋下料长度尺寸。

【解】 $L_1 = 2 \times 5600/3 + 500$

$\approx 4233\text{mm}$

2. 中间支座上部二排直筋的加工、下料尺寸

如图 7-36 所示，中间支座上二排直筋的加工、下料尺寸计算与一排直筋基本相同，只是需取左、右两跨长度中较大值的 1/4 进行计算。

设：左净跨长度 $= L_左$，右净跨长度 $= L_右$，左、右净跨长度中取较大值 $= L_大$，则有

$L_1 = 2 \times L_大/4 + $ 中间柱宽

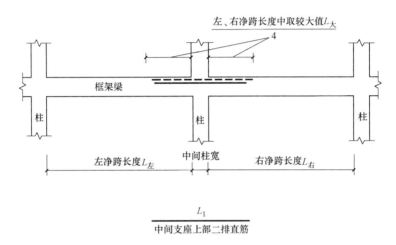

图 7-36 中间支座上部二排直筋的加工、下料尺寸

7.3.5 边跨下部跨中直角筋的下料

如图 7-37 所示，L_1 是由锚入边柱部分、边净跨度部分和锚入中柱部分三部分组成。

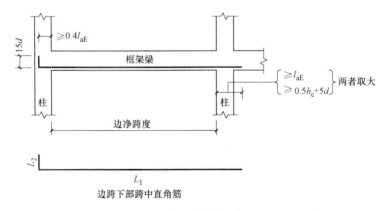

图 7-37 边跨下部跨中直角筋的加工、下料尺寸

下料长度＝L_1+L_2－外皮差值。具体计算见表 7-15～表 7-20。在表的附注中提及的 h_c 值是框架方向柱宽。

HRB335 级钢筋 C30 混凝土框架梁边跨下部跨中直角筋计算表（mm）　表 7-15

抗震等级	l_{aE}	直径	L_1	L_2	下料长度
一级抗震	33d		13.2d＋边净跨度＋锚固值		
二级抗震	33d	$d≤25$	13.2d＋边净跨度＋锚固值	15d	L_1+L_2－外皮差值
三级抗震	30d		12d＋边净跨度＋锚固值		
四级抗震	29d		11.6d＋边净跨度＋锚固值		

注：l_{aE} 与 $0.5h_c+5d$，两者取大，令其等于"锚固值"；外皮差值查表 2-3～表 2-5。

HRB335 级钢筋 C35 混凝土框架梁边跨下部跨中直角筋计算表（mm）　表 7-16

抗震等级	l_{aE}	直径	L_1	L_2	下料长度
一级抗震	31d		12.4d＋边净跨度＋锚固值		
二级抗震	31d	$d≤25$	12.4d＋边净跨度＋锚固值	15d	L_1+L_2－外皮差值
三级抗震	28d		11.2d＋边净跨度＋锚固值		
四级抗震	27d		10.8d＋边净跨度＋锚固值		

注：l_{aE} 与 $0.5h_c+5d$，两者取大，令其等于"锚固值"；外皮差值查表 2-3～表 2-5。

HRB335 级钢筋 ≥C40 混凝土框架梁边跨下部跨中直角筋计算表（mm）　表 7-17

抗震等级	l_{aE}	直径	L_1	L_2	下料长度
一级抗震	29d		11.6d＋边净跨度＋锚固值		
二级抗震	29d	$d≤25$	11.6d＋边净跨度＋锚固值	15d	L_1+L_2－外皮差值
三级抗震	26d		10.4d＋边净跨度＋锚固值		
四级抗震	25d		10d＋边净跨度＋锚固值		

注：l_{aE} 与 $0.5h_c+5d$，两者取大，令其等于"锚固值"；外皮差值查表 2-3～表 2-5。

HRB400 级钢筋 C30 混凝土框架梁边跨上部跨中直角筋计算表（mm）　表 7-18

抗震等级	l_{aE}	直径	L_1	L_2	下料长度
一级抗震	40d	$d≤25$	16d＋边净跨度＋锚固值		
	45d	$d>25$	18d＋边净跨度＋锚固值		
三级抗震	37d	$d≤25$	14.8d＋边净跨度＋锚固值	15d	L_1+L_2－外皮差值
	41d	$d>25$	16.4d＋边净跨度＋锚固值		
四级抗震	35d	$d≤25$	14d＋边净跨度＋锚固值		
	39d	$d>25$	15.6d＋边净跨度＋锚固值		

注：l_{aE} 与 $0.5h_c+5d$，两者取大，令其等于"锚固值"。外皮差值查表 2-3～表 2-5。

HRB400 级钢筋 C35 混凝土框架梁边跨上部跨中直角筋计算表（mm）　表 7-19

抗震等级	l_{aE}	直径	L_1	L_2	下料长度
一级抗震	37d	$d≤25$	14.8d＋边净跨度＋锚固值	15d	L_1+L_2－外皮差值
二级抗震	40d	$d>25$	16d＋边净跨度＋锚固值		

抗震等级	l_{aE}	直径	L_1	L_2	下 料 长 度
三级抗震	$34d$	$d \leqslant 25$	$13.6d+$边净跨度$+$锚固值	$15d$	L_1+L_2-外皮差值
	$37d$	$d > 25$	$14.8d+$边净跨度$+$锚固值		
四级抗震	$32d$	$d \leqslant 25$	$12.8d+$边净跨度$+$锚固值		
	$35d$	$d > 25$	$14d+$边净跨度$+$锚固值		

注：l_{aE} 与 $0.5h_c+5d$，两者取大，令其等于"锚固值"。外皮差值查表 2-3～表 2-5。

HRB400 级钢筋≥C40 混凝土框架梁边跨上部跨中直角筋计算表（mm）　　表 7-20

抗震等级	l_{aE}	直径	L_1	L_2	下 料 长 度
一级抗震	$33d$	$d \leqslant 25$	$13.2d+$边净跨度$+$锚固值	$15d$	L_1+L_2-外皮差值
二级抗震	$37d$	$d > 25$	$14.8d+$边净跨度$+$锚固值		
三级抗震	$30d$	$d \leqslant 25$	$12d+$边净跨度$+$锚固值		
	$34d$	$d > 25$	$13.6d+$边净跨度$+$锚固值		
四级抗震	$29d$	$d \leqslant 25$	$11.6d+$边净跨度$+$锚固值		
	$32d$	$d > 25$	$12.8d+$边净跨度$+$锚固值		

注：l_{aE} 与 $0.5h_c+5d$，两者取大，令其等于"锚固值"。外皮差值查表 2-3～表 2-5。

【例 7-9】 已知抗震等级为四级的框架楼层连续梁，选用 HRB335（Ⅱ）级钢筋，直径为 22mm，混凝土强度等级为 C30，边净长度为 5.2m，柱宽 400mm。试求加工尺寸（即简图及其外皮尺寸）和下料尺寸。

【解】 $l_{aE}=29d=638$mm

$0.5h_c+5d=(200+110)$mm$=310$mm，取 638mm。

$L_1=11.6d+5200+638=(11.6 \times 22+5200+638)mm=6093.2$mm

$L_2=15d=330$mm

下料长度$=L_1+L_2-$外皮差值$=6093.2+33.0-2.931d \approx 6359$mm

7.3.6 中间跨下部筋的下料

1. 中间跨下部筋下料尺寸计算

由图 7-38 可知，L_1 由中间净跨长度、锚入左柱部分和锚入右柱部分三部分组成的，即：

下料长度 $L_1=$ 中间净跨长度$+$锚入左柱部分$+$锚入右柱部分。

锚入左部分、锚入右柱部分经取较大值后，各称为"左锚固值"、"右锚固值"。请注意，当左、右两柱的宽度不同时，两个"锚固值"是不相等的。具体计算见表 7-21～表 7-26。

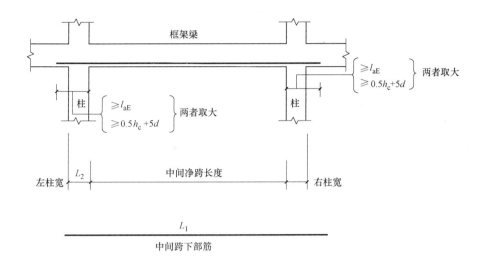

图 7-38 中间跨下部筋的加工、下料尺寸

HRB335 级钢筋 C30 混凝土框架梁边跨下部跨中直角筋计算表（mm） 表 7-21

抗震等级	l_{aE}	直径	L_1	L_2	下料长度
一级抗震	33d				
二级抗震	33d	$d \leqslant 25$	左锚固值＋中间净跨长度＋右锚固值	15d	L_1
三级抗震	30d				
四级抗震	29d				

HRB335 级钢筋 C35 混凝土框架梁边跨下部跨中直角筋计算表（mm） 表 7-22

抗震等级	l_{aE}	直径	L_1	L_2	下料长度
一级抗震	31d				
二级抗震	31d	$d \leqslant 25$	左锚固值＋中间净跨长度＋右锚固值	15d	L_1
三级抗震	28d				
四级抗震	27d				

HRB335 级钢筋 ≥C40 混凝土框架梁边跨下部跨中直角筋计算表（mm） 表 7-23

抗震等级	l_{aE}	直径	L_1	L_2	下料长度
一级抗震	29d				
二级抗震	29d	$d \leqslant 25$	左锚固值＋中间净跨长度＋右锚固值	15d	L_1
三级抗震	26d				
四级抗震	25d				

HRB400 级钢筋、C30 混凝土框架梁中间跨下部筋计算表（mm） 表 7-24

抗震等级	l_{aE}	直径	L_1	L_2	下料长度
一级抗震	40d	$d \leqslant 25$	左锚固值＋中间净跨长度＋右锚固值	15d	L_1
	45d	$d > 25$			
二级抗震	40d	$d \leqslant 25$			
	45d	$d > 25$			
三级抗震	37d	$d \leqslant 25$			
	41d	$d > 25$			
四级抗震	35d	$d \leqslant 25$			
	39d	$d > 25$			

HRB400 级钢筋、C35 混凝土框架梁中间跨下部筋计算表（mm） 表 7-25

抗震等级	l_{aE}	直径	L_1	L_2	下料长度
一级抗震	37d	$d \leqslant 25$	左锚固值＋中间净跨长度＋右锚固值	15d	L_1
	40d	$d > 25$			
二级抗震	37d	$d \leqslant 25$			
	40d	$d > 25$			
三级抗震	34d	$d \leqslant 25$			
	37d	$d > 25$			
四级抗震	32d	$d \leqslant 25$			
	35d	$d > 25$			

HRB400 级钢筋、≥C40 混凝土框架梁中间跨下部筋计算表（mm） 表 7-26

抗震等级	l_{aE}	直径	L_1	L_2	下料长度
一级抗震	33d	$d \leqslant 25$	左锚固值＋中间净跨长度＋右锚固值	15d	L_1
	37d	$d > 25$			
二级抗震	33d	$d \leqslant 25$			
	37d	$d > 25$			
三级抗震	30d	$d \leqslant 25$			
	34d	$d > 25$			
四级抗震	29d	$d \leqslant 25$			
	32d	$d > 25$			

2. 中间跨下部筋下料示例

【例 7-10】 已知抗震等级为三级的框架楼层连续梁，选用 HRB335（Ⅱ级）钢筋，直径为 22mm，混凝土强度等级为 C30，边净长度为 4.9m，左柱宽 400mm，右柱宽 500mm。试求此框架楼层连续梁的加工尺寸（即简图及其外皮尺寸）和下料尺寸。

【解】 由表 7-20，求 l_{aE}

$$l_{aE}=30d=31\times 22mm=660mm$$

求左锚固值

$$0.5h_c+5d=0.5\times 400mm+5\times 22mm=200mm+110mm=310mm<660mm$$

因此，左锚固值=660mm。

求右锚固值

$$0.5h_c+5d=0.5\times 500mm+5\times 22mm=250mm+110mm=360mm<660mm$$

因此，右锚固值=660mm。

求 L_1（这里 L_1=下料长度）

$$L_1=(660+4900+660)=6220mm$$

7.3.7 边跨和中跨搭接架立筋的下料

1. 边跨搭接架立筋的下料尺寸计算

图 7-39 所示为架立筋与边净跨长度、边右净跨长度以及搭接长度的关系。计算时，首先要知道和哪根筋搭接。边跨搭接架立筋是要同两根筋搭接：一端是同边跨上部一排直角筋的水平端搭接；另一端是同中间支座上部一排直筋搭接。搭接长度规定，结构为抗震时：有贯通筋时为150mm；无贯通筋时为 l_{lE}。考虑此架立筋是构造需要，建议 l_{lE} 按 $1.2l_{aE}$ 取值。计算方法如下：

边净跨长度－(边净跨长度/3)－(边、右净跨长度中取较大值)/3+2×(搭接长度)

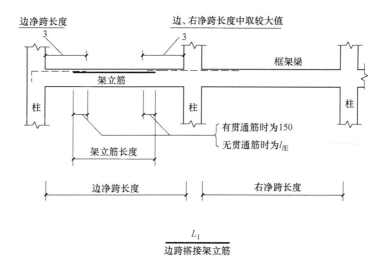

图 7-39 架立筋与边净跨长度、边右净跨长度以及搭接长度的关系

【例 7-11】 已知梁已有贯通筋，边净跨长度为 6.1m。试求架立筋的长度。

【解】 因为净跨长度比左净跨长度大，因此其架立筋的长度为：

$$(6100-6100/3-6100/3+2\times 150)mm=2333mm$$

2. 中跨搭接架立筋的下料尺寸计算

如图 7-40 所示，中跨搭接架立筋的下料尺寸计算与边跨搭接架立筋的下料尺寸计算基本相同，只将边跨改为中间跨即可。

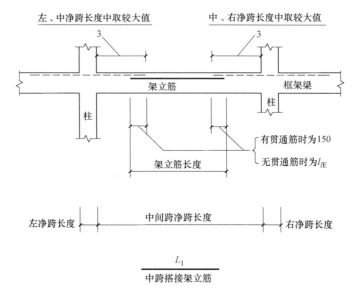

图 7-40　中跨搭接架立筋与左、右净跨长度及中间跨净跨长度的关系

7.3.8　角部附加筋以及其他钢筋的下料

1. 角部附加筋的计算

角部附加筋用在顶层屋面梁与边角柱的节点处，因此，它的加工弯曲半径 $R=6d$。设 $d=22\text{mm}$，则可知

$$下料长度 = 300 + 300 - 外皮差值$$

$$下料长度 = (300 + 300 - 3.79 \times 22)\text{mm} = (600 - 3.79 \times 22)\text{mm} \approx 517\text{mm}$$

2. 其余钢筋的计算

（1）框架柱纵筋向屋面梁中弯锚

1）通长筋的加工尺寸、下料长度计算公式

① 加工长度

$$L_1 = 梁全长 - 2 \times 柱筋保护层厚 \tag{7-1}$$

$$L_2 = 梁高\ h - 梁筋保护层厚 \tag{7-2}$$

② 下料长度

$$L = L_1 + 2L_2 - 90° 量度差值 \tag{7-3}$$

2）边跨上部直角筋的加工长度、下料长度计算公式

① 第一排

a. 加工尺寸

$$L_1 = L_{n边}/3 + h_c - 柱筋保护层厚 \tag{7-4}$$

$$L_2 = 梁高 h - 梁筋保护层厚 \tag{7-5}$$

b. 下料长度

$$L = L_1 + L_2 - 90°量度差值 \tag{7-6}$$

② 第二排

a. 加工尺寸

$$L_1 = L_{n边}/4 + h_c - 柱筋保护层厚 + (30d) \tag{7-7}$$

$$L_2 = 梁高 h - 梁筋保护层厚 + (30d) \tag{7-8}$$

b. 下料长度

$$L = L_1 + L_2 - 90°量度差值 \tag{7-9}$$

（2）屋面梁上部纵筋向框架柱中弯锚

1）通长筋的加工尺寸、下料长度计算公式

① 加工尺寸

$$L_1 = 梁全长 - 2 × 柱筋保护层厚 \tag{7-10}$$

$$L_2 = 1.7 l_{aE} \tag{7-11}$$

当梁上部纵筋配筋率 $\rho > 1.2\%$ 时（第二批截断）：

$$L_2 = 1.7 l_{aE} + 20d \tag{7-12}$$

② 下料长度

$$L = L_1 + 2 L_2 - 90°量度差值 \tag{7-13}$$

2）边跨上部直角筋的加工长度、下料长度计算公式

① 第一排

a. 加工尺寸

$$L_1 = L_{n边}/3 + h_c - 柱筋保护层厚 \tag{7-14}$$

$$L_2 = 1.7 l_{aE} \tag{7-15}$$

当梁上部纵筋配筋率 $\rho > 1.2\%$ 时（第二批截断）：

$$L_2 = 1.7 l_{aE} + 20d \tag{7-16}$$

b. 下料长度

$$L = L_1 + L_2 - 90°量度差值 \tag{7-17}$$

② 第二排

a. 加工尺寸

$$L_1 = L_{n边}/4 + h_c - 柱筋保护层厚 \tag{7-18}$$

$$L_2 = 1.7 l_{aE} \tag{7-19}$$

b. 下料长度

$$L = L_1 + L_2 - 90°量度差值 \tag{7-20}$$

（3）腰筋

加工尺寸、下料长度计算公式

$$L_1(L)=L_n+2\times15d \tag{7-21}$$

（4）吊筋

1）加工尺寸，见图7-41。

$$L_1=20d \tag{7-22}$$

$$L_2=（梁高\ h-2\times梁筋保护层厚）/\sin\alpha \tag{7-23}$$

$$L_3=100+b \tag{7-24}$$

2）下料长度

$$L=L_1+L_2+L_3-4\times45°（60°）量度差值 \tag{7-25}$$

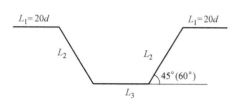

图 7-41　吊筋加工尺寸

（5）拉筋

在平法中拉筋的弯钩往往是弯成135°，但在施工时，拉筋一端做成135°的弯钩，而另一端先预制成90°，绑扎后再将90°弯成135°，如图7-41所示。

1）加工尺寸

$$L_1=梁宽\ b-2\times柱筋保护层厚 \tag{7-26}$$

L_2、L_2'可由表7-27查得。

拉筋端钩由 **135°**预制成 **90°**时 L_2 改注成 L_2'的数据　　　　　　表 **7-27**

d(mm)	平直段长(mm)	L_2(mm)	L_2'(mm)
6	75	96	110
6.5	75	98	113
8	10d	109	127
10	10d	136	159
12	10d	163	190

注：L_2 为135°弯钩增加值，$R=2.5d$。

2）下料长度

$$L=L_1+2L_2 \tag{7-27}$$

或　　　　　$$L=L_1+L_2+L_2'-90°量度差值 \tag{7-28}$$

（6）箍筋

平法中箍筋的弯钩均为135°，平直段长 10d 或 75mm，取其大值。

如图7-42所示，L_1、L_2、L_3、L_4 为加工尺寸且为内包尺寸。

1）梁中外围箍筋

① 加工尺寸

$$L_1=梁高\ h-2\times梁筋保护层厚 \quad(7-29)$$

$$L_2=梁宽\ b-2\times梁筋保护层厚 \quad(7-30)$$

图 7-42　施工时拉筋端部弯钩角度

L_3 比 L_1 增加一个值，L_4 比 L_2 增加一个值，增加值是一样的，这个值可以从表7-28中查得。

当 $R=2.5d$ 时，L_3 比 L_1 和 L_4 比 L_2 各自增加值 表 7-28

d(mm)	平直段长(mm)	增加值(mm)
6	75	102
6.5	75	105
8	10d	117
10	10d	146
12	10d	175

②下料长度

$$L=L_1+L_2+L_3+L_4-3\times90°量度差值 \tag{7-31}$$

2）梁截面中间局部箍筋

局部箍筋中对应的 L_2 长度是中间受力筋外皮间的距离，其他算法同外围箍筋，见图 7-43。

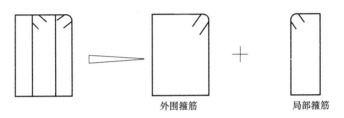

外围箍筋 局部箍筋

图 7-43 梁截面中间局部箍筋

习 题

1. 请将下表填写完整。

构件名称	楼层框架扁梁		托柱转换梁		悬挑梁
构件代号		WKL		L	

2. 求加工尺寸（即简图及其外皮尺寸）和下料长度尺寸。已知抗震等级为二级的框架楼层连续梁，选用 HRB400 级钢筋，直径 $d=26$mm，C35 混凝土，边净跨长度为 6m。

参 考 文 献

[1] 中国建筑标准设计研究院. (16G101-1) 混凝土结构施工图平面整体表示方法制图规则和构造详图（现浇混凝土框架、剪力墙、梁、板）[S]. 北京：中国计划出版社，2016.

[2] 中国建筑标准设计研究院. (16G101-2) 混凝土结构施工图平面整体表示方法制图规则和构造详图（现浇混凝土板式楼梯）[S]. 北京：中国计划出版社，2016.

[3] 中国建筑标准设计研究院. (16G101-3) 混凝土结构施工图平面整体表示方法制图规则和构造详图（独立基础、条形基础、筏形基础、桩基础）[S]. 北京：中国计划出版社，2016.

[4] 中华人民共和国住房和城乡建设部. 混凝土结构设计规范（2015年版）GB 50010—2010 [S]. 北京：中国建筑工业出版社，2010.

[5] 中国建筑标准设计研究院. (12G901-1) 混凝土结构施工钢筋排布规则与构造详图（现浇混凝土框架、剪力墙、梁、板）[S]. 北京：中国计划出版社，2012.

[6] 上官子昌. 11G101图集应用—平法钢筋算量 [M]. 北京：中国建筑工业出版社，2011.

[7] 陈园卿. 钢筋翻样与下料 [M]. 北京：机械工业出版社，2011.

[8] 陈达飞. 平法识图与钢筋计算释疑解惑 [M]. 北京：中国建筑工业出版社，2007.

[9] 王武齐. 钢筋工程量计算 [M]. 北京：中国建筑工业出版社，2010.

《房建施工实战系列课程》

《房建施工实战系列课程》针对施工一线人员和高级管理人员的职业特点和工作需要，选取施工人员日常必备的职业技能进行讲解，内容来自一线，接近实战。

本视频系列课程一共包含 47 门独立课程和 9 个课程套餐，既可以单独购买，又可以根据自己工作需要以较低的价格成套购买。每个课程都提供了一段免费课程内容让大家观看，以便了解该课程内容。

读者可访问 www.cabplink.com 观看或购买本视频课程（路径如右图）。现在购买视频，可以赠送中国建筑工业出版社出版的施工类图书。

读者还可扫描建工社视频课程二维码观看并购买本视频课程（路径如下）。

建工社视频课程